藍學堂

學習・奇趣・輕鬆讀

How to Use Small Daily Experiments to Create Big Life-Changing Growth

The Power of Flexing

高彈性成長法則

每一次的改變，都是成長的機會！彈性的力量帶你越變越好

Susan J. Ashford

蘇珊・亞斯佛——著

林麗雪——譯

致所有留在比賽中的人，
找到勇氣和能力，
使他們的生命得以不斷成長。

高彈性成長法則

目錄

推薦序

用高彈性得到突破的能量

江湖人稱S姐 女力學院創辦人

「世上唯一的不變就是變」，多數人聽過這句名言，但到底要如何在自己可以接受的步調下改變並前進，是多數人會有的疑問，「我該換工作嗎」、「我個性就是這樣」、「這件事情的錯是因為誰先怎樣」、「我找不到更好的關鍵點」、「不知道如何進修，該進修甚麼」……尤其在擔任獵人頭顧問多年經驗裡，遇到最大的離職問題就是「在公司內部找不到突破的天花板」，可能是主管位置卡在那，也可能是自己想要發揮的舞台被局限；在創業女力學院以後，也有非常多學員認為想要大幅度的改變生活模式，但不知如何適度調整，總會被自己的「我不行」、「等我準備好再說」、「我太忙」、「別人會怎麼想」而糾結。

不得不說在讀《高彈性成長法則》之前，我對於所謂的「彈性成長」議題有點「彈性疲乏」，在眾所皆知的議題裡面，隨著時代演化而自身彈性調整成長方式不是自然而然的嗎？看完本書我才發現，真正的成長有些必要的觀點與法則，包含：

動機＋個人的經驗學習方式＋延伸學習＋系統化的反思＋（潛力）＝高彈性成長

我們太容易變成只往自己想像中的方式成長，變成用數字當成衡量的指標，完成多少案量、節省多少成本、減了幾公斤；或是用成就來做為成長的錨定點。忽略其實真正影響成長的關鍵來自於「心態」，能夠見怪不怪，能夠平穩情緒面對突如其來的變化，能夠真的認知行事風格會影響團隊而有所調整，最重要的，認知自己可以，就算只是微幅前進。

人的大腦有掌管不同行為的區域，包含語言／運動／五感／平衡等等，只要學會應用不同的抽屜，其實每個人的智慧能量是無限的，常常多變的應用，反而可以刺激大腦活化且不會累，反之，如果只讓某些區塊用到極致反而會有反效果。讓身體及大腦習慣在不同領域有參與感，你會更懂得活在未來，才能有目標地享受與挑戰當下；我們常常在探討一件事情發生以後如何給予回饋（Feedback）找出軌跡，但同時間我們也需要前饋（Feedforward）來建構成長曲線。而《高彈性成長法則》一書主要就在這些領域能夠協助你有邏輯／彈性地前進。

「改變不可避免，但成長可以選擇」，而成長也都是來自於痛苦與脆弱蛻變出的經驗值，好好享受書中提及的案例觀念及反思練習，賦予最近的你一個突破的能量。

推薦序

發揮彈性的力量，活出更好的人生

愛瑞克 《內在原力》作者、TMBA共同創辦人

對每一位職場工作者而言，獲得持續穩定的升遷發展以及調薪是普遍的期望；對於有志於擔任管理職的人來說，參與決策制定、帶領部屬、為公司開拓更大市場則是更高的期許。然而現實是，並非人人都具備達成上述期望與期許所該有的條件，我認為在當今瞬息萬變的世界中，「彈性的力量」已漸漸成為必要條件之一！

二十多年前我在台大創立了TMBA社團，每年吸引數十位至上百位新生加入，近幾年則是年年超過三百位，一起加入這個人才薈萃的大熔爐、一起學習與成長，隨著社員陸續畢業離開學校、投入職場，有些人表現優異而快速晉升到中高階主管，甚至擔任上市櫃公司總經理，也有人創業成功、名利雙收；然而，也有些人抑鬱不得志，人生發展頻頻卡關，甚至身心要被龐大的壓力給壓垮。仔細探究其差異，我想許多原因跟「彈性的力量」是有關的，也是此書作者努力探究的幾個問題：「人們如何成為更好的自己？為什麼有些人會停止成長？如何在一生中持續成長？」這些問題不局限於工作或職場，也包含了生活中的諸多面向。

作者根據自己三十多年教授 MBA 學生商業「軟性技巧」的深厚功力，再整合七十多位領導人的成功經驗，歸結出此書所談的幾個要點，並且以豐富的實務案例來闡述、適時提出真知灼見，讓讀者可以在身歷其境的過程去體會這些奧妙之處，遠比教條式的說理更容易令人吸收、內化。我認為，同時具備扎實理論基礎與實務案例的交相融合，是此書最具價值之處。

此外，我個人很喜歡書中某些觀點，並非傳統的管理學中可見，但在當今科技網路時代則意義重大，甚至不可或缺！例如「尋求回饋以強化學習效果」與「管理情緒以強化學習」，都與我在拙作《內在原力》所持論點雷同，因此讀來深有共鳴！很多時候，人們缺的不是硬實力，而是軟實力，由內而外發揮出來的與人連結力量，往往比獨自一人的力量強大數百倍！

看完全書，我相當認同作者在結語所說的：「這本書也能激勵你在生活中尋找個人成長的空間。如果你想成為你最敬佩的榜樣，成為擁有更大影響力的領導者，想和與你共事的人建立更好的關係，以及最後為我們這個混亂的世界帶來正面的改變。」我認為面對多變的未來，每一個人都值得好好研究此書所談的高彈性成功法則，將「彈性的力量」內建成為自己的工作與生活模式一部分，相信將可以走出一條更好的職涯路線，活出一個更好的人生版本。

願彈性與你同在！

前言

如果你花了二十年的時間協助及領導一家成功且備受尊敬的企業後，卻發現需要重新學習如何領導，你會怎麼做。

這就是瑪姬・貝勒斯（Maggie Bayless）的遭遇。[1]更糟糕的是，貝勒斯發現自己在工作和個人生活中，同時面臨不只一個而是三個同樣艱鉅的挑戰。

貝勒斯的第一個挑戰來自她工作場所的重大變化。貝勒斯是一家知名的企業對企業培訓公司的聯合創辦人和聯合管理合夥人。她熱愛這份工作，公司也相當成功，一直穩定增加客戶、增加員工人數，以及提升收入和獲利能力。有意思的是，貝勒斯雖然是公司的高階主管，卻不知為何一直避免擁有太多的直接下屬。「每次我們要聘用新人時，」她笑著回憶道：「我就會對我的合夥人史塔斯（Stas）說：『沒問題啊，只要他們向你彙報就好。』」

一切運作得很順利，直到史塔斯宣布退休的那一天。「我為史塔斯感到非常高興，」貝勒斯說：「然後我才發現：糟糕，這代表這裡的每一個人現在都要向我報告了。」突然之間，這位商場老手，一位曾經幫助公司許多人應付各自困難領導問題的天才顧問，不得不開始親自管理整個團隊，包括指導他們做出艱難的決定、幫助他們應付棘手的客戶問題、解決團隊成員之間的衝突、針對如何分配資源做出公平的決定，並平衡相互衝突的策略需求。

多年來，貝勒斯第一次發現自己開始懷疑，自己是否具備在工作上獲得成功的條件。她的領導能力和人際溝通能力是否達到標準？

不只是工作上的問題，在貝勒斯的人生中，還同時出現兩個個人的挑戰，問題更是雪上加霜。其中一個是意料之中的事，但仍然帶來跟著變化而來的壓力：她最小的女兒離家去上大學了，二十五年多來，貝勒斯和她的丈夫第一次面對著空巢壓力。另一個挑戰則出乎意料且具嚴重傷害性：這是一次嚴重的健康恐慌，需要緊急手術之外，外加兩次手術，而且還有長期的併發症風險，這可能會影響貝勒斯的工作能力。

對貝勒斯而言，這個發生三重威脅的一年，正以前所未有的方式考驗著她。她能否在領導力和個人效能方面發展出一系列需要的新技能，以掌握突然面臨的公司、家庭和身體方面的困難？她能否把這些困難和情緒化的經歷，轉化成對她與她個人成長的助力？

這些問題的答案將對貝勒斯本人產生重大的影響。但是這些答案也會影響她的家人、她的同事、她的客戶，以及她所共同創立的公司的長期成功展望，還有那些指望她帶領公司走向未來的人。

雖然這是屬於貝勒斯自己的課題，但我們所有人也都面臨著意想不到而不熟悉的經歷，需要新的才能、新的見解和新的能力才能解決。事實上，幾乎每個人都可以預期自己可能會遇到類似貝勒斯的狀況，在生命中的某個時刻會突然需要改變和成長。尤其在今天這個變幻莫測的世界中，我們都會有面對意外變化及其可能帶來的焦慮的時候，我們都知道同時遇上許多困難的事情是什麼感覺。透過練習彈性的力量（Power of Flexing），你不僅可以了解自己，還可以鍛鍊出幫助你熬過這些艱難時期的韌性肌（resilience muscle）。

歡迎來到彈性的力量

本書是有關像貝勒斯以及你我這樣的人，如何發展我們需要的「軟性」人際交往技能，以管理和控制我們的情緒、良好溝通、有效領導、適應不斷變化的環境，以及解決複雜的問題。雖然我們稱這些技能為「軟性」，但它們卻十分重要。事實上，在勤業眾信（Deloitte）的「全球人力資源趨勢」（Global Human Capital Trends）報告中，有九二％的受訪者認為，這些技能對於留任員工、更好的領導力和更有意義的企業文化相當關鍵。

我們需要這些技能來克服商業上面臨的挑戰，並在公司裡成為更好的領導者，或是在任何類型的團體裡，包括非營利組織、教會、社區組織或家庭，它解釋了一個任何人都可以用來持續成長與發展的系統，方法就是讓自己更懂得蒐集各方見解，並從我們所有人都可以接觸到的原始材料中學習，而這些材料就是只要活著就能碰到的經驗。這個系統就是彈性的力量。

彈性是一種提高自身效能的特殊方法，對於在組織裡的人而言，則是有效影響和領導他人的特殊方法。它是根據我多年來與學生、新興領導者和資深領導者的合作而開發出來的方法。[2] 它應用了提出個人管理自己成長方法的一系列研究，並以超過七十五個我和學生對我們欽佩的領導者和其他人士的訪談內容為基礎。所有這些想法都編入了本書中。彈性是一種提高效能的方法，它非常獨特，而且具備幾個顯著的屬性。

首先，它是**主動的**（proactive），它讓你坐在駕駛座上駕馭自己的成長。你來決定何時、如何以及為什麼想要成長，並制定自己的學習和自我發展計畫。你永遠不需要等待別人為你提供成長所需的工具、活動或機會。

其次，顧名思義，它是**彈性的**（flexible），它讓你以適合自己的需求和資源的方式，去追求個人成長。你可以在工作中、在與老闆的關係中、在社區的短期計畫中，或者做為父母、配偶或教會成員各方面展現彈性。你可以使用彈性來提高個人效能，然後也許可以暫時放下它，等你感到有必要時，再把它撿起來。

第三，它是**可管理的**（manageable），它提供了可以舒服融入大多數人日常行程的學習成長方法。培養重要的新技能通常被視為一項重大的任務和承諾：你去上研究所、登記接受治療，或者你希望被公司認定為「高潛力人員」並被派往具有挑戰性的海外任務。但為什麼要等待這樣的機會呢？彈性讓你現在就開始利用你反正每天都會擁有的經驗，來建立你的個人技能。借用敏捷軟體開發（agile software development）領域中的一個術語：它是一個衝刺（sprint，譯註：指短期的高強度工作，通常不超過兩個星期）或一連串的衝刺，而不是一場馬拉松。[3]

第四，它**好玩又有趣**（playful and fun）。個人發展不需要是一場嚴肅或痛苦的努力過程。彈性本身就是實驗，嘗試新的做事方法、觀察發生了什麼、對失敗和錯誤做不同（以及更正面）的思考，然後再嘗試別的事。最有可能的是，沒有任何一次實驗會發生改變生命的效果（只是你永遠也不會知道！）。但累積起來，你嘗試的這些實驗可能會為你提供嶄新的想法、方法和技能，幫助你在日常生活和工作中，取得讓人驚訝的新成就，同時享受探索自己可能不知道的存在層面的樂趣。

由於這些原因，從用它來打造諮詢顧問工作的 MBA 學生，到將培養個人領導能力視為終生策略的數百名 EMBA 學生，以及已經在公司環境中採用這些觀念的人，許多人都發現，它是一種非常有用、愉快和強大的方法，只要以有創意的新方法來切入和思考日常的活動，就可以培養他們的個人效能和領導能力。

為了了解它是如何運作的，讓我們看看，貝勒斯如何利用彈性的力量，應付她一次遇到三個問題的那一年。

貝勒斯首先設定了一些她希望能夠達成的具體**彈性目標**，以便在她的「新常態」（new normal）中生存和茁壯成長。在考慮過她所面臨的挑戰以及她想如何成功克服後，她先設定了能幫助她面對新領導任務的目標。為了解決她特別擔心的幾項個人領導力弱點，她設定了一個要學著更開放地接受別人意見的目標，另一個目標則是改進在壓力情境下的即時反應能力。接著，為了因應她面臨的個人挑戰，包括她意外的健康危機而感受到的巨大壓力，她設定了第三個彈性目標，那就是培養每天的正念和感恩練習。

貝勒斯知道，這三個目標之中的每一個都很難達成。但她也知道，除非她能確定目標並下定決心，否則一定會失敗。這就是為什麼選擇一個或多個彈性目標，是練習彈性的力量重要的第一步。

那麼，貝勒斯又是如何發展培養三個目標所需的技能呢？她打算進行一系列的**實驗**，來測試特定的行為和互動方式。這些是她在進行日常活動時就可以練習的行為，她認為這些新穎又彈性的行為，能讓她達成一個或多個彈性目標。

當一名重要的長期員工宣布很快將要離開公司時，她的第一個實驗機會就出現了。這是貝勒斯害怕的那種領導力挑戰，她一直覺得很難應付壞消息，特殊情況讓這個案例特別困難。儘管這名離職員工做了所有正確的事情：她提出了適當的事先通知，並直到最後一天都很投入工作，但這種感覺就是很不公平，為什麼這個值得信賴的夥伴會選擇在這個時候拋棄她？大家都知道貝勒斯還在適應成為公司唯一領導者這個艱難挑戰。這個打擊在剛開始時很沉重，是一種可能將貝勒斯捲入否定和怨恨漩渦裡的痛苦經歷。

貝勒斯明白她需要嘗試不同的方法。她沒有讓自己的情緒主導反應，而是計畫並測試一種新的且更謹慎的因應方式。她試著刻意避免對這個消息立即採取任何行動，例如迅速提拔另一名員工來填補空出來的職位。她試著在情感上和精神上從這項挑戰中退後一步，從組織整體人力資源策略的大情境下來思索這個挑戰。在她最重要的這個實驗中，她花了時間去分辨並利用改變帶來的積極機會。她與整個團隊合作，制定計畫重新設計工作內容，並迅速招聘一名有才華的新進員工，讓離職員工對她進行培訓。

透過這些行為的改變，而且都是來自貝勒斯想要練習彈性的意圖，她將一場組織內可能的災難轉化為人才升級。

貝勒斯還徵求團隊成員和其他人的**回饋意見**，以評估她全新行為的正面、負面或綜合影響。她還進行**系統化的反省**，在她這一路走來的經歷中產生意義和洞察力。在整個過程中，貝勒斯一直留意她帶給自己經驗的心態：促使自己維持**學習模式**，而不是擔心失敗或努力證明她已經擅長處理這些實際上對她而言還很新的技能。她還練習**情緒調節**，也就是觀察、思考和控制自己的情緒，以確保自己無論好壞的情緒，都不會妨礙自己決定要達成的學習和成長。

這些過程，包含設定彈性目標、計畫和進行實驗、收集回饋、進行系統化反省、管理心態和情緒調節，就是彈性的力量的基本組成。

當然，和所有值得的努力一樣，透過彈性的力量去學習，通常也會在路上遇到障礙和偶爾的挫折。但是，對貝勒斯而言，彈性帶來了重大且正面的影響。現在，她的公司比以往表現得更好，而拜她透過實驗和對自身經驗的反省而形成的見解和知識所賜，貝勒斯自己的領導技能也得到了成長。

在接下來的章節中，我將描述彈性的力量背後的概念，並逐步向你展示它是如何運作的。我將使用來自各行各業的人物故事，來說明這些想法和技巧，包括剛接觸管理職的人，但仍努力培養與個人效能錯綜複雜交織在一起的新領導技能；已經登上了公司組織頂峰，但仍致力於在工作中不斷學習和改進的執行長；一名由律師轉任外交官，必須制定因應國際危機的策略，還要同時完成四十萬英里的高強度旅行；一個帶著孩子的年輕媽媽，她的人生發展問題引發了她一生中最重要的個人成長挑戰；以及一位矽谷菁英，發現自己必須在五角大廈處理一項艱鉅的新任務時，重新學習如何領導。

他們有什麼共同點？他們都有一個普遍的需求，那便是希望持續且終身學習並提高個人效能，而彈性已經協助他們達成這個需求。

提高你的個人和人際效能

彈性的力量與我們如何成長有關，特別是我們如何在個人和人際互動上變得更有技巧。提高個人效能，與學習用 Python 寫程式、提升烹飪水準、重建摩托車引擎或編織毛衣差異很大。雖然學習這些技能可能很困難，但它們是相當明確、直接的工作，並且有很多書籍可以指導你。但嘗試讓自己成長、成為更好的傾聽者，或在工作或社群中成為更好的領導者則較為困難。這些活動與其說是科學，不如說是藝術，而學習它們也需要藝術。

其中的部分原因是，個人和人際關係的成敗是由他人主觀評估的，這也表示需要換位思考和同理心。它也非常受到環境的影響，需要對內部和外部狀況的敏感察覺，包括你自己的情緒和偏見、其他人的需求和價值觀、你人際關係的權力動態，以及周遭企業文化等。更重要的是，你的個人效能和你的領導能力緊密相關。你為提高個人效能所做的大部分事情，都會幫助你成為更有效能的領導者。

此外，發展個人效能是非常個人的事情。當你嘗試新事物失敗，或者周圍的人給出的是負面回饋時，你很難不感到受傷、尷尬或憤怒，而且這從來都不會是一勞永逸的經歷。學習成為一個更有效能的人是一個終身的過程，有新的課程需要不斷學習，還有舊的課程需要更新，或者以新的方式應用到不熟悉的環境中。

最後，建立你的個人效能和領導技能是有風險的。用個人教練傑瑞．科隆納（Jerry Colonna）的話來說，成長是痛苦的，這也是很少人選擇這樣做的原因。[4]它要求我們有意識地選擇離開我們的舒適圈，而且不止一次，一如著名的心理學家亞伯拉罕．馬斯洛（Abraham Maslow）所說的：「一次又一次。」[5]是的，這確實很可怕。是的，你會感到受傷。但如果想成長，就必須這麼做。正如IBM 執行長吉尼．羅密提（Ginni Rometty）所說：「成長和舒適永遠不會共存。只有願意不斷承擔風險的人和組織，才能在現在和未來獲得成功。」[6]

成長的動機和人本身一樣多樣化。心理學家喜歡把世界分成「兩種不同的人」。其中一種二分法將人們分為預防型焦點（prevention focus）或促進型焦點（promotion focus）。[7]

我的大哥史蒂夫（Steve）就是有預防型焦點的人。他為自己的職業生涯帶來最深切的心理動力就是避免損失、保護家人以及他和他們享受的利益。他不斷地學習和成長，以此來保護自己，防止他的工作被外包或被有較新知識的人取代（這是我們的父親經歷過的命運）。而它奏效了：史蒂夫不斷提升自己的技能，終於被認為是不可或缺的人物，藉此在一家航太公司順利度過了整個職業生涯，這是今天非常罕見的成就。

相較之下，我的女兒艾莉（Allie）則有一種促進型焦點的典型傾向，她到處都能看到好處和收穫，並因此勇往直前。她熱愛學習，因為她想不斷探索自己思想和個性的更新層面。在一家為員工提供免費課程的醫院工作時，艾莉報名參加了園藝、情商和重要對話的課程，還自己付費上了解剖學課程，只因為她想在這方面了解更多。後來，當她很快樂地在一家新創的混配藥局擔任品質控制職務時，又決定學習 JavaScript，並不是因為這件事與她的工作有任何關係（事實上真的沒有關係），而是因為大家不斷跟她提起這個東西，她想知道自己是否能掌握電腦程式設計這門技術。

也許你認同其中的一個傾向。你對成長的興趣來自於你希望保護自己，以免在今天競爭異常激烈的世界中落後，還是出於熱情，想要創造一個更新更好的自己？任何一種動機都是值得的。本書所說的故事將會證明，人們可以從日常平凡的困難，以及戲劇性千載難逢的經歷中成長。舉例來說，你正站在二〇一三年波士頓馬拉松的終點線，當那顆炸彈爆炸後，你突然需要重新學習如何走路，或者你遭遇了一樁改變你能力的車禍。**成長有時候是強加在你身上的**。

強．霍爾維茲（Jon Horwitz）就是這樣。他找到一份新工作，已經為吉姆（Jim）工作了六個月，吉姆是一名組織心理學家，也是獨資經營者。有一天，吉姆叫霍爾維茲進辦公室，說：「我要去法國東部度假兩週。你的工作訓練得很好。我已經五十二歲，打算再工作八年，然後這個生意就歸你了。」他去了法國，但很不幸地，他被車撞了，第二天就去世。突然間，霍爾維茲在試圖維持公司的運作時，發現自己正在經歷從未預料到的發展。他必須成長，而且是迅速成長。

然而，成長並不一定需要伴隨著創傷或巨大的改變。相反的，檢視組織成長的研究人員提醒我們，它「可能**是日常的一部分**，在你從事可自由支配的工作，或者回應老闆的指示時自然發生。」[8]有時候，成長也是你**主動想尋求**的。你可能感覺自己不符合環境對你的要求，於是有動機想去解決這個失調問題。或者環境本身有時候可能會改變，就像霍爾維茲的情形，以一種不舒服的方式改變，並要求你彈性以對。你也可能注意到一個吸引你的人物典範，並想著：「我希望我的人生可以更像那樣。」因而促進了這個過程。只要你記得去尋找，成長就是可能的，而且無論你的動機是什麼，你將會發現，彈性是實現學習目標的有用工具。

動詞「**成長**」的一個定義是「逐漸成為」（例如逐漸變老）。就本書而言，這個定義很管用。**這本書就是關於你如何「逐漸成為」你想成為的人、那個你必須變成的專業人士，以及世界期待你變成的那位影響力人士**。這種成長是一個複雜的過程，需要深思熟慮的行動、對結果的檢查、對成功和失敗的反省、處理過程中產生的情緒所需的時間，以及制定下一步行動的計畫。簡而言之，它需要彈性的力量。

為什麼我相信彈性

到目前為止，我的生活和職業都讓我對個人的成長、改變以及變得更有效能的潛力，擁有一份深刻的認識。

在我職業生涯的前八年裡，我以商業教育者的身分教授了人際行為課程，這是達特茅斯學院（Dartmouth College）MBA二年級課程中很受歡迎的選修課。與這些學生密切合作的過程，讓我有機會觀察人們如何更深入了解自己，並在他們展開職業生涯時，將持續學習列入他們的日程。

與此同時，我也有機會參加一個不尋常的諮詢團體，這是一個由在其中授課的教授，非正式地將其稱為人際新兵訓練營（Interpersonal Boot Camp）的諮詢小組。這是在新罕布夏州的森林中舉辦為期三天的介入活動，主要對象是想提高個人效能的商務領導人士。我們帶領這些高階主管進行演練，至少挽救了其中一個人免於被解雇，他的進步就是這麼大。

當我轉至密西根大學的史蒂芬羅斯商學院任教後，我負責教導談判課程，這是一項非常受歡迎的技能，實際內容其實與各種個人效能的技能有關，從創造影響力和與他人建立關係，到交流同理心。然後我自己也擔任了領導職位，成為該商學院的資深副院長。我從一個孤獨的教員辦公室，搬到了一個互動頻繁的團隊管理環境。在這個環境裡，個人效能突然變成我極重要的事項。我發現我也需要提高個人和人際互動的效能，而且我也開始應用與彈性的力量相關的許多程序。結果對我來說是非常富有創造力和成長性的四年。

最後，由於迫不及待想回到教室，我離開了院長辦公室，開始在許多科系課程中教導領導力。這是一個新角色，讓我集中精力幫助人們為需要廣泛軟性技能的領導角色做好準備。這種角色利用了你的全部才能，你的思維過程、經驗、偏見、情緒和行為都有助於型塑你的領導力。領導力也和生活中的很多事情一樣，是一種接觸運動（contact sport）：你必須與他人一起合作，這表示如果沒有個人效能，你就無法成為成功的領導者。

我的職業生涯一直致力於幫助人們以各種方法來開發個人效能。我有機會探討以下問題：**人們如何成為更好的自己？為什麼有些人會停止成長？其他人為什麼以及如何在他們的一生中持續成長？在繁忙而充滿挑戰的生活中，人們能做些什麼來促進自己的成長？**

我協助培養領導者的歷程，也幫助我制定了一套可以幫助個人成長的想法和實務，無論這些人是在組織內部還是外部，是想學會領導他人還是只是想更有效地與他人合作，也無論他們是在工作中遇到問題，還是只是渴望變得更好以及走得更遠。重點在於提高個人效能的複雜作為，也就是建立對成功至關重要的所謂軟性技能，並利用彈性的力量來做到這一點。

根據我的經驗，構成本書核心的實務，正是人們職業和生活能否成功的區別。它們也是非常容易操作的，你可以輕鬆鎖定目標並努力進步。我上面描述的經驗，讓我確認了這些實務，並對其中一些實務進行了研究。但將它們結合在一起的催化劑，則來自於我們將在第一章中討論的洞察力，這些事物最好是從經驗中學習，而不是閱讀一本書（是，我知道這看起來很諷刺）。本書的內容是關於你可以如何更善用經驗，來擴大你在這些關鍵領域的成長。

把成長放在首位

有太多事情取決於你能否在個人和人際關係上取得效能，包括你能不能談成一筆銷售案、建立團隊、激勵同事、吸引對的朋友、找到合適的伴侶、解決問題，以及適應變化。

可惜的是，許多人不為自己的成長承擔個人責任。相反的，他們只追逐為他們安排好的比賽。他們在學校表現得夠好，可以繼續前進，也許他們還能設法在一家經營良好的公司找到一份好工作。但許多人的想法和行為都好像他們的學習之旅在大學之後就結束了。他們已經努力完成生活為他們布置的一切，但現在缺乏描述前進和繼續成長的正確方式的路線圖。

事實上，這才是旅程真正開始的時候。當然，這也是你的能動性（agency，譯註：人在環境中行動的能力）變得重要的關鍵時間。當學校教育結束時，你的成長就成為自發性的。就像健康飲食或定期健身計畫一樣，你需要對個人成長下定決心，並投入思想、時間和精力，否則個人成長根本就不會發生，而你的生活和事業就可能因此停滯不前。

喬丹・傑福斯（Jordan Jeffers）現在在一家材料開發公司工作，他在研究所學習化學工程時，從一位教授那裡學到了這一課。這位教授是傑福斯和其他學生的人生導師。傑福斯把這個描述為一種非常奇怪的導生關係，因為沒有一個學生真的與這名教授交談或與他相處過，這名教授也不曾提供任何具體的學術或職業建議。但他確實在課堂內外強調了一則具有強烈一致性的訊息：「你必須做這件事。沒有人真的幫得了你。自己學習，並完成這項工作。」

這個自助與堅韌的訊息：**主導自我發展**，一定就是傑福斯需要學習的內容。他順利完成了工程學的課程要求，這是個不小的成就，因為修這堂課的六十名學生中，只有二十三人畢業，而教授的這個訊息，也幫助他面對後來的人生。傑福斯說：「它幫助我因應經濟大衰退、母親去世，以及生活中碰到的其他重大挑戰。它教會我對自己說：『我必須對眼前的狀況做些什麼』，而不是等待其他人採取行動。」

可惜的是，也許是因為害怕，或者將改變視為艱苦的工作，許多人寧願避免成長帶來的挑戰。我在密西根大學的同事鮑伯·昆因（Bob Quinn）把這種態度描述為「為了和平和薪資而閉嘴；不要強迫組織成長，也希望它不會要求你成長。」或者正如作家安·拉莫特（Anne Lamott）所說的：「成長與改變一定會有痛苦，這一直都是真的。所以我的第一反應一定是反抗。我又不笨。」但閉嘴與反抗這兩種反應都是嚴重的錯誤。[9]成長不僅是生存和成功的關鍵，也為接受的人帶來極大的好處。研究人員發現，透過對經驗提供結構和意義，以及增進在社會中自處與適應能力的寶貴自我認知，這種成長的感覺對心理健康極有幫助。[10]此外，認知自己在成長也與增進心理健康有關，這會表現在更高的生活滿意度和自尊、較低的憂鬱程度，以及有一種生命凝聚感（sense of coherence，譯註：指一個人可以理解生活的經驗、應付生活事件的要求、獲得生命的意義，便能做出最好的適應表現），這能幫助人了解挑戰的意義，並能管理挑戰所產生的壓力。[11]

千萬不要以為如果你碰巧在一家大公司工作，對自我激勵發展的需求就沒有那麼重要了。的確，許多組織在傳統上都提供員工發展計畫，既滿足自己的需求，也能吸引和留住人才。但近年來，公司一直在減少對此類計畫的投資，那些仍然存在的計畫，通常也只專注在少數看起來非常有潛力的員工。在學習方面，其他員工就只能自生自滅。

這就是為什麼企業主管培訓和領導力發展方面的專家勞夫．西蒙（Ralph Simone）說：「我認為自我發展屬於員工的責任，但希望組織可以提供一些資源來促進這種發展。」密西根大學負責學生生活的副校長羅伊斯特．哈波（Royster Harper）贊同他的觀點。當有人問她：「對於想在個人和職業發展上發揮最大潛力的年輕人，你有什麼建議？」時，她的回答是：「承擔責任。沒有人會比你更投入，或者更該投入於自己的發展。」

我並不是說你工作的組織與你希望實現的個人成長完全無關。研究顯示，大多數的個人成長都「深處於組織環境中」[12]，這表示，我們所處的群體塑造了我們該如何成長的感覺，以及我們用來衡量成長的指標。這些組織還可以透過肯定和鼓勵的方式來支持個人的成長，或者透過破壞和妨礙而使個人的成長變得更困難。

在第二至七章個別討論關於每項彈性的力量實務中的每一項之後，我將在第十和十一章中探索我們成長的制度和文化環境，並提供關於企業和其他組織可以做些什麼事，來幫助他們的團隊成員使用彈性的力量來學習和發展。這些章節中提出的指導，對於想要鼓勵員工成長的領導者、人力資源專業人士，和其他負責發展健康且以成長為導向的組織文化的人來說，應該都是有價值的。第八章描述了你可以彈性調整以達到成長的各種情況，第九章則討論如何在他人的成長過程中提供幫助。

當我們問到前面提過的哈波：「你還希望在未來的經歷中學到什麼」時，她已經在任職的大學裡獲得最資深的職位，且在她的職業生涯中已經是非常資深的人士了（她在那之後已經退休）。但請聽她對這個問題的回答，並看看她是如何仍然自我努力，以及還在學習和成長的：「我現在正試著更了解，自己的偏見會如何影響我從別人角度看待事物的能力。我試圖更了解這一點，並不斷精進真正傾聽以及聽懂別人說了什麼跟沒有說什麼的能力：『他們真正在問我的是什麼？他們真正想知道的是什麼？』」

她的這個回應展現了彈性的力量的所有優點。她已經這麼有成就了，卻還能找出這件困擾自己的事，這件在她的舉止和與同事的互動中似乎並不完美的事。她正在思考這件事，而且很可能會開始計畫一些實驗來解決這個問題，然後採取行動，並更進一步思考該如何改進。我希望你也有這種一路走到盡頭的成長之旅。拿起這本書，你就已經邁出了重要的第一步。現在，我邀請你翻開書頁，並開始學習彈性的力量來繼續這段旅程。

Chapter

01

經驗是最好的老師

但只在你保持彈性的時候

傑夫．帕克斯（Jeff Parks）形容自己是「一名積極的科學家」。他喜歡高中的生物、化學和物理課程，然後在大學和研究所成為熱情的研究人員和問題解決者。但直到他在一家小型生物科技新創公司找到第一份工作時，帕克斯才發現，自己從來不曾完全培養出成為商業領袖所需的技能和敏感度。

和許多苦苦掙扎的年輕新創企業一樣，帕克斯的公司急於在創業資金耗盡前，將公司最初的幾款產品問世。它有三款正在開發中的產品，帕克斯被要求帶領團隊開發三款中最沒有希望的一款，是一種具有潛在醫療應用價值的特殊合成分子。可惜的是，帕克斯團隊中的四個人正是這家公司中最沒有經驗的員工。他們都很聰明，但完全不知道該如何進行臨床試驗，事實上，其中一個人甚至在大學時完全沒有學過科學課程。他們也只得到公司所有工作團隊中最少的資源，包括最小且設備最差的實驗室，以及最少的預算。當帕克斯對此提出抱怨時，公司執行長只聳了聳肩說：「好啊，我們可以解決這個問題。我們可以徹底停止你的研究計畫，然後你們五個人可以申請失業救濟。聽來如何？」

在別無選擇的情況下，帕克斯開始自學該如何成為一名領導者，尤其是如何在資源不足的時候激勵團隊達成艱鉅的目標。接下來的幾個月裡，他鼓勵他的團隊成員以創意思考來面對每一個挑戰，例如如何重新利用過時的實驗室設備以便進行必要的臨床試驗。他們經常舉行集思廣益的會議，相互刺激和激勵以尋找突破框架的解決方案。他們經常要互相鼓勵，來完成他們以前從未嘗試過的任務。由於他們公司的同事缺乏時間有時候也缺乏專業知識，提供他們寶貴的指導和回饋，他們就通過與來自外部知識淵博的人，包括大學教授和政府監管機構的專家等，建立聯繫管道，藉以開發資訊來源。

最後，帕克斯的團隊比公司裡其他團隊更快讓產品推上市場，挽救了公司的業務，甚至贏得了同行的公開讚譽。

帕克斯將這次任務描述為一次改變職業和生活的經歷。他說在執行這份工作前：「我有點討厭在團隊中工作，因為我總是覺得：我自己一個人來做，可以做得更好。領導這個團隊教會了我如何重視他人的觀點，也向我展現了我們如何透過跨領域的工作完成更多事情。」

帕克斯的故事與許多其他領導者的故事相似，不僅在商業領域，在生活中亦然。我們都希望取得偉大的成就，並對世界產生有意義的正面影響，但環境往往會阻礙我們。在帕克斯的例子中，他在新創公司擔任團隊負責人，為他打開了創造新穎且有價值東西的機會。但他的公司卻沒能提供可以讓工作更輕鬆的資源。帕克斯從沒被公司貼上「高潛力」的標籤，也從沒接受過任何計畫管理、建立團隊或解決問題技能等方面的培訓，他也沒有贊助商或盟友可以為他辯護，沒有導師給他建議，更沒有榜樣可以模仿。相反的，他被扔進了深水區，陷入了一個讓他感到壓力、對他造成挑戰但也教導了他的經歷。到最後，帕克斯想出了自己游泳的方法，並且一路上變得更有效能。

邊做邊學：以經驗為師

帕克斯的成就反映了目前領導力發展領域的一個真理：大部分的領導者並不是透過課堂學習、書本學習、一對一輔導，或其他方式的指導學到最重要的領導力課程，而是透過直接經驗來吸取。領導力是如此，其他各種複雜的個人和人際效能技能也是如此。

我可以根據三十多年教授 MBA 學生商業「軟性技巧」的經驗來證明這一點，人際效能、人員管理、團隊建立、說服性溝通等技能，主要都是靠直接經驗學習來的。在課程初期階段，經常會聽到學生打斷我對某項技能，例如傾聽、影響或指導等的介紹，簡直嗤之以鼻地評論著：「拜託，這樣做只是基本常識而已！」（有時候他們會用比「常識」更不禮貌的表達方式。）抱持這種觀點的懷疑論者並沒有錯。這些軟性技能的基本原理相當簡單，因此在課堂討論中，它們很容易被輕視。

問題在於實際操作。當學生在角色扮演時，或如果情況更好一點，是在現實生活工作中嘗試運用這些技能時，他們就會發現，這些聽起來容易的事情，實際上很難做到。你必須在日常挑戰環境中實際運用這些技能，這一點是無可替代的。種種現實世界的經驗，將老生常談和廣泛的「常識」原則，轉化為生動且具體的經驗教訓，它們將被記住，並在未來挑戰出現時可以應用。

對幫助人們發展領導力感興趣的實踐者，是最熱烈支持這種學習方法的人。事實上，他們經常引用他們所謂的七〇／二〇／一〇規則（70–20–10 Rule），與其說是一個規則，還不如說是一個經驗發現。一項針對非常成功的管理者所做的研究顯示，他們所學到的關於如何成為優秀管理者的知識，有七〇％是從經驗中學到的、二〇％是從其他人（如導師或同事）身上學到，而只有一〇％是從閱讀或參加課程學到。[1]

領導力發展教育者愛上了這個觀點。許多人開始把它做為培養未來領導者新方法的基礎。以往將高潛力員工送去參加領導力發展課程的組織，現在自己手邊就有了新工具可供使用，他們可以直接將這些高潛力員工分配在可能產生經驗的工作中，讓他們吸取寶貴的經驗教訓。

但這也提出了一個新問題：究竟哪種任務最可能為高潛力員工帶來有意義的學習機會？領導力發展專業人士為自己分配了回答這個問題的任務。領導力方面的學術專家也開始著手識別和驗證所謂高挑戰經驗的品質，這些經驗將促進最大的學習。這些屬性也是經驗的特徵，可以促使你學習在家庭、社群、公民組織、教會或慈善團體以及其他環境中提高效能所需的技能。甚至有一些證據顯示，它們在不同文化中都是有效的，在印度、中國和新加坡的研究結果指出，相同的廣泛經驗類別都能帶來學習的機會。[2]

那麼，從經驗中學習以變得更好的第一步，就是找出能帶來最多發展潛力的經驗。專家認為高挑戰性且有高學習經驗的特質是：

承擔不熟悉的責任

每次你做新的事情都有很大的學習潛力。當然，你可能會從中學到很多被要求掌握的具體技能和內容，包括領導團隊撤退、處理職場角色的重大變化、從親自授課轉向線上教學，或者計畫推出新產品。另一方面，新職責也為發展更廣泛的效能技能創造了機會，因為處理一個很陌生的情況，幾乎不可避免地要走出舒適圈、嘗試新的行為、實驗不同的方法，並將其中有效的方法融入你現有的常規中。因此，一個牽涉到不熟悉職責的經驗，往往能帶來個人挑戰和成長的巨大潛力。

領導改變

長久以來一直有種說法：如果你想真正了解某件事，就試圖去改變它。無數被要求在組織中管理重大變革的領導者，都已經明白了這句格言的真諦。所以每當你被要求去帶領改變某種作為時，無論是你目前部門的重組、公司進入以前未開發的市場，或者遊說市議會擴大公平住房機會，都可能可以學到很多東西。想要採取措施來創造這種改變，就需要深入了解現狀的本質及原因。還需要去了解和處理為什麼有些團隊成員會支持改變，而另一些人則反對改變的心理和情感原因，並探索你如何才能對他們產生最大的影響力。對許多有志成為領導者的人而言，擔任變革的推動者是最具挑戰性的一項任務，也是最具教育意義的任務。

因應高風險挑戰

不是所有的工作都同等重要。有些工作牽涉到極高的風險和報酬水準，可能對整個組織的未來產生重大影響。有些工作本身會帶來非比尋常的可見度，讓領導者遭受嚴格的審查，並可能在失敗的情況下產生痛苦的自我懷疑，或在成功的情況下得到滿意的讚譽。帕克斯在陷入困境的新創企業中擔任團隊領導者的角色，就是此類任務的一個例子。另外的例子則是我一個朋友被要求為一個充滿分歧和爭議的社區組織帶領出願景的過程。這種高風險的挑戰，無可避免地會集中你的心思、聚焦你的注意力和精力，並增加你從經驗中學到很多東西的可能性。

跨越邊界

年輕專業人士可能面臨的一項最具挑戰性的經驗，就是必須跨越組織、機構或專業領域來工作。

舉例來說，身為一名中階管理人員被要求領導一項計畫，這個計畫既需要高階主管支持，也需要其他部門同事合作。為了成功，你需要學習如何影響你沒有直接管理權力，甚至可能有強烈理由反對你計畫的人和團體。這種任務會要求你開發應用於溝通、說服和建立團隊的工具，也會要求你掌握除了自己的團隊以外，其他團隊的複雜性和文化方面的細微差異。所有這些活動都可能創造重要機會，讓你培養在未來的挑戰出現時，會很有價值的技能和知識。

與多元成員合作

每當你必須與種族、族群、性別、文化、背景、價值觀和觀點不同的人合作時，發生誤解和衝突的可能性都會增加，但同時，取得創造性交流以及找出有效的新發現的可能性也會隨著增加。在一個日益複雜、全球相互連結且文化敏感度越來越高的世界裡，越來越多的領導者被要求管理非常多樣化的團隊和組織。

一九九〇年代中期，我為一家位於密西根州的公司做了一些教學工作，該公司在世界各地皆設有分公司，很迫切地希望幫助管理人員培養全球化思維，為接受海外任務做準備，其中有許多人從來沒有離開過美國中西部地區。不難想像，這項工作對我和我要培訓的經理人而言都具有挑戰性，大家都必須學會理解、溝通和與思維方式非常陌生的人合作。在這個過程中，他們發現，自己在審視，甚至質疑自己對生活和世界的一些假設。這是一次很好的學習經驗，無數企業內外的領導者現在都在面對這種經歷。舉例來說，隨著他們的社群變得更多樣化，志工和工作人員以及社區組織就需要開始了解穆斯林，以及各種祈禱和飲食習慣，或者該如何以有效的方式與亞洲同業談判。

面對逆境

提供重要學習和成長機會的經驗的最後一個要素，與其他要素不同，因為它對有志成為領導者的人而言，並不那麼具有立即吸引力，這個要素就是因應嚴重的逆境。這可能意味著在商業環境惡化時必須要站出來主導大局，例如在二〇〇八年的經濟衰退環境，或者在二〇二〇年的COVID-19危機期間。它也可能代表要出面處理與重要同事的麻煩或不良關係、管理一項遭到組織高層關鍵影響者反對的計畫，也可能代表要領導一個嚴重缺乏資金、志工支持，或其他資源的社區組織。無論哪種形式，逆境都會真正考驗你的勇氣，如果你在經歷這些考驗時，能夠意識到成長的潛力，就可以學到很多東西。

我和我的高階主管學生一起進行一個讓他們覺得大開眼界的練習。我要求這些主管繪製簡單的草圖，描繪出他們生活和職業上的高峰和低谷。他們接著要與一個小組分享他們的草圖，討論那些極端經歷，包括牽涉到的情感、發現的價值觀，以及學到的教訓。無可避免的，這些高階主管發現他們學到的最重要的經驗教訓，來自他們職業生涯的低谷，而不是高峰時期。這點很諷刺，因為我們一生中的大部分時間，都在試圖避免這些低谷！當然，我們經常在逆境被克服、改造或解決之後，才汲取這些逆境帶來的教訓。[3]

人力資源專業人士很喜歡這份刺激個人發展的經驗清單。許多了解它的人，開始熱情地將高潛力員工安置於這類性質的體驗中。可惜的是，他們往往在這麼做的時候，沒有真正考慮我們接下來要討論的重要問題。

人們真的會從高挑戰性的經歷中學習嗎？

研究領導力發展的學者一直在思索高挑戰經驗如何促進學習。他們甚至進行實驗研究，以確認組織中的人要成長為領導者，具有發展挑戰的經驗有多少程度的幫助。在其中兩項研究中，研究人員要求員工根據他們面臨的挑戰來評估他們的工作經驗。然後他們會請外部觀察員，通常是這些員工的老闆，對員工的領導技能發展評分。

在一項研究中，麗莎．椎根尼（Lisa Dragoni）發現了一個正向關係，人們在當前工作任務中感受到的發展性挑戰越大，主管對他們的領導力技能的評價就越高。被評估的技能涵蓋了一系列能力，從廣泛的商業知識和洞察力，到採取立場所需的勇氣和讓人發揮最佳潛能的能力等。椎根尼的研究結果還顯示，影響員工技能評等結果主要在於挑戰的難度，而不僅是多年經驗的累積。[4]

第二項研究則提出了一些警示。與椎根尼一樣，史考特．德魯（Scott DeRue）和奈德．威爾曼（Ned Wellman）的研究也發現，高挑戰性的工作會產生相當程度的技能發展成果。但他們也發現，從這些經驗中獲得的效益，似乎在超越某個最高級別挑戰後逐漸減少，就像在某個程度後，挑戰的程度就變得「太多」了。德魯和威爾曼認為，也許經歷異常程度挑戰的人，會因為焦慮而放棄學習。這種效應似乎更適用於人際交往技能，在認知和商業技能則較為少見。因此，雖然人們有時候可能會漫不經心地將發展性挑戰視為純粹的福氣，但實際上是存在報酬遞減點的（point of diminishing returns）。[5]

儘管德魯和威爾曼提出了警告，但大多數專家仍認為，如果經驗越能充分反映上述的高挑戰性元素，就能提供越大的學習潛力，只要你以學習的動機去接觸這些經驗。

你可能認為，學習的動機是理所當然的，畢竟，大多數的人都希望提高自己的領導技能並提高效能。但是，這種想法或願望並不會自動轉化為願意利用這些新經驗當成學習平台的想法。而這就是動機發揮作用之處。舉例來說，如果某種情況挑戰你的能力，同時又保留了可以獲得重大獎勵的潛力時，你可能就會感覺有動力去消除你感知到的能力差距，帕克斯在新創公司的經驗就是這種動機的一個明顯例子。其他時候，當人們發現自己處於不舒服甚至痛苦的情況時，就會感到學習和成長的動力。在這種讓事情恢復正常就會感覺很棒的情況下，避免負面結果的渴望就提供了必要的動機。

如果存在學習動機，大多數研究過此項議題的人都同意，高挑戰性的經驗是提高領導技能的好方法，事實上，這是我們所知最好的方法。高挑戰性的工作為有動力學習的工作人士，提供了開發自己領導力與效能技能的真實機會。

自助式的領導力發展

但是（你可能已經懷疑在這裡出現「但是」這個詞了），為了培養偉大的領導者或實現個人效能的成長，只是把有動機的人放在他們的技能會受到挑戰、測試和增進的工作上，是不夠的，對吧？

沒錯。

事實上，研究領導力發展的學者和他們所推薦的實務作法，只解決了一半的問題。從經驗中學習的力量，在於等式的後半部分：經驗本身並不能教會我們什麼。人們需要去學習。由於這個原因，兩個人可以經歷非常雷同的經驗，卻學到非常不同數量的教訓，這是我們根據簡單觀察而知道是正確的事情。

這種洞察力正是彈性的力量的核心。那麼，為什麼有些人從自己的經歷中學到的東西會比其他人多那麼多呢？如果一定要說的話，人們在準備、經歷和反省他們的經歷時，可以採取什麼不同的方式來加強和深化他們的學習？

其實，從經驗中學到更多知識、洞察力和技術的能力，是成為領導者的一項重要特質，也是在生活和工作中效能高低的人之間的關鍵區別。

這是一名與全球最多位高階主管訪談過的人所指出的一個關鍵領導力見解。這個人就是亞當・布萊恩特（Adam Bryant），他在《紐約時報》（*New York Times*）長壽專欄〈角落辦公室〉（Corner Office）中每週採訪一名執行長。他經常被問到：「我怎麼樣才能成為執行長？通往頂峰的道路是什麼？」這些問題背後的假設是，一定有一條讓你入主公司高層辦公室的明確道路，也許是一系列已被證實可以鍛鍊二十一世紀商業領袖所需技能的任務或挑戰。

但布萊恩特對這個問題的回答，卻否定了這個假設。「我們不該說有一個或一組『正確』的經驗，」布萊恩特指出：「應該說這些執行長充分利用了他們的經驗。這些執行長的一個共通特徵是：無論當下在做什麼，都會從中汲取意義。他們會學習。」

今天，有越來越多專家開始意識到布萊恩特觀察到的這個真理。他們開始強調，無論你的目標是成為組織內的有效領導者，還是為你的社區、家庭或全世界帶來正面改變，**個人發展的關鍵不在於公司指派給你的工作，而是在於你透過經驗追求個人學習的方式**。知名學者摩根・麥寇（Morgan W. McCall Jr.）回顧了關於領導力發展的最新證據後，說了這段話：

> 證據實際上相當具有說服力，當個人主導自己從經驗中學習時，會得到極大的成長。……即使組織為了創造學習氛圍和環境做了一切努力，以及願意投入所有的資源和支持，到最後，仍然要靠個人把握機會及成長。[6]

這個結論可能有點讓人氣餒。這代表，成長和學習不會因為你在生活和工作中的日常經歷而自動「發生」。但從另一個角度來看，它是深深被賦權的。你不需要等待一個組織將你定義為值得栽培擁有領導力的「高潛力員工」，你不必期待自己會被指派接任「高挑戰性」的海外工作，或者被派去指導一些高風險但高報酬的公司計畫。相對的，你可以利用你目前的經驗，不管這些經驗的內容為何，開始讓自己成長。無論你是一個思考如何開啟職業生涯的學生、一個剛開始學習的新進員工、一個剛被拔擢要應付第一次領導力挑戰的管理者，或者一名高階主管，從你生命的任何一個時機點開始，你都有能力與機會利用你的日常生活經驗，來增進你的工作技能和個人效能。唯一的要求就是學習的決心，從你的經驗中**汲取意義**。

帕克斯在實驗室幫助他的團隊時，透過結合天生的個性特徵和本能，找到了如何從自己的經歷中找出意義的方法。但許多人在面對類似的機會時卻陷入掙扎，舉例來說，在充滿挑戰又孤立無援的環境中成立一家公司的機會，有些人在經歷一次或多次多年的挫折後，最後獲得了成功。其他人則在遭受一、兩次失敗後，不是主動放棄，就是再也沒有機會展示他們的能力。

經驗可以成為強大的教學工具。但我們不能再聽天由命。相反的，我們需要更積極投入個人的學習。這就是彈性的力量的意義。

從經驗中學習的一個關鍵：正念

這個過程從**變得更正念**開始。我所說的正念，並不是說你應該更頻繁地冥想，以使頭腦平靜（其實這不會有什麼損失，冥想是許多人覺得有益的練習）。相反的，我專注於正念的第二個要素：**當下體驗**。就這個意義而言，正念是一種覺察，是對當下有目的而積極地關注。而且，這種正念比聽起來要困難得多。

你只需要反思你帶到日常生活中的心境，就可以察覺到，真正的正念往往是難以捉摸的。你可能在很多方面都沒能保持正念。有時候你可能全神貫注於計畫未來，而沒有專注於現在。其他時候，你可能會被你剛從某處來的想法，甚至被可能困擾你的過去事件影響而分心。幻想、憂慮、八卦、猜測、瑣事和當天的新聞，這些以及更多的東西，都可能時不時地充斥你的大腦，阻止你注意當下正在做的事情。

在一個讓人分心的事情不勝枚舉的世界裡，其中當然要從口袋或包包裡的智慧手機開始，有太多人最後都過著有點漫不經心的生活。許多人吃東西時根本不思考自己在吃什麼，以致無法品嘗食物的味道、香味和質地。也有很多人無意識地開車：你是否曾經坐在車裡，從一個地方開到另一個地方，然後才注意到你根本不知道自己是怎麼開到這裡來，也不知道一路上發生了什麼事情？忙碌的人可能會漫不經心地旅行，在出差或度假時在酒店房間醒來，發現他們暫時忘記了自己在哪裡以及為什麼在那裡。

我們有時候甚至會無意識地互動。哈佛大學心理學家艾倫・蘭格（Ellen Langer）在一系列巧妙的實驗中記錄了這一現象。在一項測試中，她發現等待使用影印機的人，當陌生人提出理由時，更可能允許陌生人插隊，即使這個理由毫無意義（例如「因為我需要影印」）。[7] 我有些教授同事現在已經將這個建議納入了提高影響力的技巧中，當你要提出請求時，請加入「因為」一詞，然後再加上任何相關的內容，這將大幅增加你獲得無意識但同意請求的機率。[8]

在本書中，我們只討論無意識處理經驗的學習成本，但無意識行為的習慣甚至可能導致危險和死亡。在我任教的羅斯商學院建造新大樓時，就造成了一場悲劇。每天下班時，建築工人都會照例搭乘電梯上到頂層，然後再爬上屋頂將電梯上鎖。等到早上則會有人進來，走到屋頂去解鎖電梯，走下一層樓梯後搭乘電梯，開始白天的使用。有一天，一名工人沒有思考就走下了兩層樓梯而不是一層。他打開電梯門，踏進空蕩蕩的電梯井，就這麼摔死了。

生命中有許多力量讓我們更難從經驗中學習。大部分在組織中工作的人，尤其是那些認為自己是潛在領導者的人都非常忙碌。他們通常忙著從一個會議趕到另一個會議，接聽無數通電話、簡訊和電子郵件，並且緊盯著他們的手機，每一天他們都要與許多個人和團體互動，並面臨各種議題，從員工績效問題和預算困境，到重大策略挑戰。因此，大多數的商界人士認為，他們幾乎沒有時間反思，甚至沒有時間去特別考量自己在做什麼。

而企業經理並不是唯一掙扎於過度忙碌狀態的人。非營利單位的員工、醫療照護工作者和教師、藝術家和表演者，以及志工和社運人士等也是如此。他們的情況與撫養孩子、兼職工作、在兩個社區委員會任職，還要規畫一個新的非營利組織的年輕媽媽沒有什麼不同。她也很可能在轉換角色、轉換會議、沒太多時間吃飯等情況下，已經夠狼狽不堪了，更別說有準備與反思的時間了。對他們所有人而言，保持正念以便強化學習很重要，但要做到卻並不容易。在所有領域裡，我們大多數的人如今都受到「喧囂文化」（hustle culture）的影響，這個文化逼迫我們每一天都要「奮起直追」，而不是稍微放慢腳步，更注意從我們正在做的事情中學習。[9]

管理大師吉姆・洛爾（Jim Loehr）和東尼・史瓦茲（Tony Schwartz）指出：「優秀的運動員會花很多時間練習，但只花很少時間上場表現。」如果你有孩子參加游泳或田徑比賽，你就會知道這是真的，他們會花許多小時的練習時間，為一項通常只持續幾秒鐘的運動賽事做準備。相較之下，洛爾和史瓦茲還觀察到，高階主管（我會在此加上陷入困境且參與社區活動的父母）則「不花時間練習，把所有時間都拿來表現。難怪他們的問題會不斷重複出現。」[10]

當我們考慮所有這些現實狀況時，就會開始以稍微不同的方式來思考七〇／二〇／一〇規則。這個規則指出，如果我們毫無意識地經歷了高挑戰性的工作經驗，或者沒有周全的計畫將這些經驗轉化為成長的來源，那麼我們就放棄了七成的學習機會。七成啊！這不是我們任何人可以浪費的資源！

雖然領導力的發展，或者更廣義的個人效能的提高，是來自於經驗，但人們越來越發現，這並不是自然發生的，而且學到的通常「頂多是偶然與特定的」。[11] 解決這個問題的方法，就是在學習中加入一些結構，這正是我們將在第二章至第七章中討論六種彈性的力量的實務內容。它們將幫助你使成長成為一個持續的過程，一個對你而言自然而然的習慣，而不是僅限於偶爾在課堂課程或輔導機會中遇到的罕見事件。它們可以讓任何人充分發展自己的工作技能和領導能力，並一直持續至整個職業生涯，方法是透過高挑戰性的工作任務，以及在其他時期透過工作壓力較小，但也能帶來高生產力和高報酬的學習來達到這些目標。

彈性的力量也為組織提供了機會。如果系統能被廣泛應用並持續執行，將有助於改變組織文化，使組織文化認知到成長可以且應該是普遍的，而不是例外的。正如莫爾豪斯大學校長大衛．湯瑪斯（David Thomas）在強調環境和組織文化的重要性時喜歡說的：「重要的是土壤」，經由邀請人們為自己的發展投資，然後為他們提供做這件事所需的工具，組織可以大幅加速和增強整個團隊的成長。[12] 正如我將在本書最後一節所討論的，當組織在更多地方創造更多領導者時，他們所提供的積極性與主動性所帶來的利益，也將是無窮的。

Chapter 02

心態很重要

架構經驗以加強學習

道格．艾文斯（Doug Evans）知道他要做個選擇。身為曾在州政府工作過的表演藝術總監，才華橫溢的他發現自己現在距離家、家人和他所了解的文化有八千英里和十二小時的飛機航程這麼遠。因為他接受了一項任務，要把百老匯規模的表演原封不動地帶到中國，在這個幅員遼闊的國家約二十五個城市巡迴演出。艾文斯了解舞台表演工作，並擁有為中國觀眾展示一場精彩演出所需的所有技能。但他對亞洲沒有任何經驗、一個中文字都不懂，而且只收到關於該國獨特文化習俗最粗略的簡報。但現在他到了北京，所有令人生畏的現實正在真實發生。而且似乎有些無法掌控。

艾文斯可以輕易屈服於這種情境的心理壓力，變成一個壓力很大、難以相處且無法共事的老闆。但他知道他有其他選擇。艾文斯形容自己是喜歡「顛覆典範」（flip the paradigm）的人，而他做到這點的一個方法，就是把生命中最緊張的經驗想像成「冒險」。當形勢艱難時，艾文斯的內心深處就開始唸著：「這是一次學習的經歷。你將得到重大的成長，即使目前看起來不可能做到。」當他被要求去做他從未做過的事情時，他喜歡問自己兩個問題：「能有多難？」以及「為什麼不呢？」

艾文斯先前就發現，詢問「**為什麼不呢？**」也能成為與他人打交道的有力工具。他的第一份重要工作，就是在康乃狄克州首府哈特福，為該州州長工作。他的任務是扭轉一個價值數百萬美元的表演藝術中心的現況，該中心財務狀況不佳，且員工士氣低落。「當時我二十七歲，」艾文斯回憶道：「我不知道該先做什麼。我真的別無選擇，只能靠自己摸索，大量閱讀資料，試圖找出可行的方法。」

在這份政府工作上，艾文斯周遭都是政府官僚，這是一群非常有經驗且聰明的人，他們熟知管理複雜政府機構的所有程序、協議和政治手法。但因為他面臨著一個全新的挑戰，這是他從前想都沒有想過會做的事情，所以他會提出對他而言說得通，但卻與傳統的政府流程無關的解決方案。官僚們最普遍的反應就是說：「你不能這麼做。」

當艾文斯反問：「為什麼不能呢？」時，官僚們其實從未真正給過答案。相反的，他們只會說：「呃，因為我們從來沒有這麼做過。」艾文斯現在指出：「這其實露出了馬腳。我發現他們真正說的其實是：『並不是你不能這麼做，而是因為沒有人嘗試過這麼做。』」

艾文斯在哈特福的經驗，以及透過實驗和堅持而讓藝術中心成功轉型，都向他展示了「為什麼不呢？」的力量。提出這個問題，幫助他將看似不可能的問題，視為需要去接受、克服和從中學習的冒險。這種態度使他能以一定程度的冷靜，來因應陌生中國的挑戰，並以自己的聲譽、職業生涯和理智擺脫困境。

高階主管培訓中最有力的一句格言就是：「你能看見什麼，取決於從哪一扇窗戶看。」我們不會以沒有偏差的方式看待我們的世界，相反的，我們會透過特定的框架來看待世界，而這個框架會影響我們對周遭世界的理解。我們對他人的觀察、對事態發展的觀察，以及我們對這些事態的反應，在相當程度上取決於我們在它們周遭設置了哪些框架。我們的期望、假設和偏見等，會影響我們所看見的、我們所關注的，以及我們會如何反應。事物如何被框架，這點很重要。

框架的力量眾所周知。透過觀察他人如何對事物設置框架，以及框架對我們的影響，最能清楚地看到這種力量。政客這麼做、領導者這麼做，或許最突出的，是那些對我們推銷商品的行銷人員同樣這麼做。行銷人員一直都非常巧妙地設計著我們該如何看待事物。我們把酒精和樂趣視為一樣的東西，就是因為有大量金錢投入而創造出這種形象的訊息。有時候，框架簡單到以用字選擇為基礎，例如消費者更喜歡「九五％瘦肉」的牛絞肉，而不喜歡「五％肥肉」的；他們會購買並使用「九五％有效防護」的保險套，但拒絕使用「五％機率無效」的保險套。兩種例子的產品其實相同，只是描述的框架不同而已。

但框架不僅是發生在我們身上的事情，也是我們自己主動去設計的事情。值得慶幸的是，我們在架構經驗的方式上有一定的主導權，我們可以選擇對任何情況設置框架，而這個框架將影響我們的思想、感覺和行動。當艾文斯將一個經驗定義為「冒險」時，就對這個經驗的每一點都增添了色彩。因此，我們如何對待和思考經驗，將會影響我們思考、感受和行動的方式，以及我們彈性對待這些經驗所能夠或未能夠獲得的效益。

在某種程度上，它也可以歸結為你腦海中的瑣碎聲音。我們家有一個關於我們最小的女兒瑪蒂（Maddy）的故事，她不喜歡滑雪，但這卻是我丈夫和我的大女兒艾莉（Allie）特別喜歡的愛好。所以我們經常去滑雪，而瑪蒂也被我們拖著一起去。

比起滑雪，她更討厭的是搭乘滑雪場的纜車。六歲時，她非常害怕的並不是纜車或身處高處，而是害怕跳下纜車。事實上，她在搭纜車向上攀至滑雪場的一路上，都對自己和坐在她旁邊的人說：「我會摔跤！我會摔跤！」當我們接近下纜車的地點時，她還繼續唸著這個咒語，最後果不其然，她通常真的會摔下去而跌倒在地。

在循環幾輪後，我問她：「瑪蒂，妳為什麼不對自己重複說：『我可以順利跳下纜車！我可以順利跳下纜車！』然後看看有沒有效呢？」她在下一次搭纜車時一直試著這麼說，而她也確實順利跳了下來。

你圍繞著一個經驗所設置的框架，尤其是一個具有挑戰性的經驗所設的框架，會為那個經驗上色定調。當瑪蒂透過改變對自己說的故事，而改變了自己的框架時，她的經驗也跟著改變了。在那之後她還是會偶爾跌倒，但她將這些解釋為與她成長相關更正面的故事，而不是她無法應付纜車的證據。我們當然可以隨時改變我們圍繞著經驗而設的框架。

珍・達頓（Jane Dutton）是一名管理學者，她研究策略決策者如何將他們面臨的問題定義為威脅或機會。相當諷刺的是，她在二〇二〇年冠狀病毒大流行的隔離期間，發現自己也面臨著類似的框架定義選擇問題。當達頓不得不對她的七十名學生從面對面教學轉為線上授課方式時，她的第一反應是很自然的：「哦，真該死！我真不敢相信我必須這麼做。我真的怕死怕死怕死這麼做了。」

但有一天，她決定改變她的框架。她下定決心：「我要努力把自己的行為視為對大學和學生的貢獻。」這個改變發生了重大的變化。這觸發了第二個心理轉變，從關注她自己，轉而關注那些因為改為線上授課而感到失望和不安的學生。達頓不再苦惱於「我該怎麼度過難關？」這個問題。而是開始問自己：「我該怎麼幫助學生，將我自己當成適應力和實力的榜樣？」這種框架的轉變解救了她，讓她嘗試不同的教學方法，也適應了新的環境。

替代心態：了解經驗的兩個框架

最普遍的架構經驗方式就是透過我所說的**績效證明心態**（performance-prove mindset）。人們接受任務和挑戰，目的通常是要對他人和自己展現效能和技能。績效證明心態尤其會在大部分的商業環境中自然出現。它可能幫助你達到今天的成就，但可能無法幫助你從現有的基礎達成未來的理想目標。事實上，它經常適得其反。我們將會看到，研究顯示，伴隨著績效證明心態而產生的過分強調避免失敗和想要證明自己是一個高績效的人的想法，往往會降低而不是提高績效。

更重要的是，除了抑制效能外，績效證明框架也不利於學習。當我們只專注於應用我們的領導力技能與個人效能獲得短期成功，並讓他人（和我們自己）留下深刻印象時，我們實際上也避免了許多可能促進學習、成長和技能發展的行為。當艾文斯將自己的經歷視為一次冒險時，這幫助他投入，而不是避免例如提問、尋求資訊、暴露無知和尋求回饋等讓他得以成長的行為。

可惜的是，績效證明心態在企業中極為普遍，使得大多數人幾乎自動將其應用在新的挑戰上，因此喪失了從經驗中學習的機會。當然，我們都希望在工作中表現出色。但績效證明心態只是希望向他人證明我們做得很好。這種專注有可能阻止你投入有助於長期效能的行為。你避免在簡報後提問，因為你不想讓自己看起來很愚蠢；你不會要求回饋，因為聽到負面資訊實在太難受了。結果就是，當挫折來臨時，你會更難去適應和克服它。

在面對任何即將到來的工作或職涯挑戰時，你應該轉用第二種方法來為這些挑戰設定框架，不要被困在績效證明心態中。我把這個方法稱為**學習心態**（learning mindset）。這是一種通過學習和發展框架來獲取經驗的方法，這種方法可以為你在彈性調整過程的其餘部分奠定很好的基礎。

心理學家卡蘿．杜維克（Carol Dweck）在過去三十多年來，一直致力於研究框架如何影響我們的學習和成長能力。[1]她的研究主要集中在人們對自身天賦本質的態度。無論是智力、執行任務能力、談判能力，或者領導力，有些人傾向於認為他們的能力是固定的，也就是「一成不變」的，這反映了一個人不是「天生」具備特定的才能就是完全沒有。而其他人則認為，他們的能力是可塑的，是可以後天開發的。杜維克對每個人從兒童到工作的成年人進行的研究顯示，你在這個連續體上所處的位置具有重要的影響。它對你從經驗中學習和成長的能力是如此重要，而這就是彈性系統中的起點。

你對能力的看法會創造一個特定的方向，它會影響你如何處理自己的表現情況，以及你在這些情況中會做什麼。如果你認為能力是固定的，你的專注力往往放在展示你的那個能力是很厲害的；換言之，你在面對的情況中會表現出績效證明心態。所以，如果你認為你的某種能力，甚至你的基本智力，是固定且無法改變的，你在處理情況時就會覺得，你需要證明你可以，才能向別人展示你很有才華。這種心態的一個細微變化是，如果你認為能力是固定的，也可能在處理情況時，非常專注於不惜一切代價避免失敗。

在這種注重績效的心態下，你的目標是證明你的聰明、才華以及技能，都足以在面對各種情況下處理得很好，也比別人做得更好，並且會不計代價避免失敗。有績效證明心態的人更有興趣的是去展示他們夠優秀，並努力不讓任何人覺得他們並沒有那麼優秀。[2]

對照的心態則是基於一種不同的看法，研究也顯示這種看法可能更準確，這種心態認為人類的能力是可塑的，可以透過我們的經驗、訓練、反省和學習而成長，畢竟，技能很少是固定的。人們在數學或寫作等方面，確實可能具有不同的平均技能程度，在此類活動中，有些人就是比其他人表現得更好。然而，幾乎每個人都可以提高自己的技能程度，尤其在個人效能方面。這些技能是可以學習的，而且我在本書中重點介紹的實務，就是做到這件事的方法。

具有學習心態的人往往在接觸環境時就會尋找可能得到的學習經驗，因此才被稱為學習心態。在這種心態下，你試圖隨著時間而增強技能，比過去做得更好。這並不是說有學習心態的人，就不在乎在當下表現出色，他們也是在意當下的。但他們接觸當下環境時，是帶著成長與進步的興趣，他們的興趣在於發現自己可以在這個情況中學到什麼。學習心態鼓勵可以促成學習和技能發展的行為，例如提問、嘗試新事物、挑戰假設、向他人尋求幫助和建議，以及承受風險等，而這些都是達到彈性必需的行為。

不要被其中一種心態的標題中含有「績效」一詞而迷惑。本書採訪的所有人都希望在生活和職業中表現出色、取得成就，並向前邁進。心態其實只是描述了一個人對績效的態度。前面描述的績效證明心態有點像是緊咬著下巴、緊張，而且往往有點擔心的態度，而帶著學習心態的人則似乎感覺更自由、比較不焦慮，感覺更有控制力與權力。

我們選擇的心態如何影響學習、成就和互動能力

為了釐清這些心態的本質，以及它們可能如何影響學習，讓我們來看一個現實生活中的例子。以我的女兒漢娜（Hannah）為例，她畢業於一所著名的大學，在知名的非營利組織「為美國而教」（Teach for America, TFA）工作，這個組織培訓有潛力的大學畢業生，讓他們在服務人員不足的學校任教兩年。這些畢業生不一定想成為教師或以教育為職業，但他們想回饋、幫助他人，並為世界帶來一些改變。

漢娜在畢業那年的七月加入了為美國而教，並在十二月聖誕假期返家與家人團聚。在回家的第二天，她漫不經心地說：「媽，我回去工作的那一週，學校裡兩位最有經驗的老師會花一整天在教室裡

觀察我。」她接著說明，這項評估象徵著，每一個為美國而教的參與者都被要求達成的高風險挑戰，而這對大多數首次擔任教師的人而言，都不是容易克服的障礙。不難想像，即將到來的這個測試，讓漢娜在與家人和朋友一起享受聖誕假期的同時，心裡還有很多事情要考慮。

漢娜的心態將對她返回學校前的這段假期中的想法、感受和行為產生重要的影響。如果漢娜有績效證明心態，那她就很可能認為，即將評估她的考官是她職業生涯裡的威脅，而使她產生極大的焦慮。而她對這些情緒的反應，會把她的想法導向去證明自己不僅有能力，還是該校有史以來所聘請最好的為美國而教的教師之一。她很可能會在假期的大部分時間裡，準備一堂她認為會讓考官驚歎不已的特別課程。當她回到學校，重要的那一天來臨時，她很可能感到嚴重的胃部不適，而數週來的緊張準備，更讓她察覺到其中牽涉到的利害關係。

但如果漢娜採取的是學習心態，她就會把即將到來的這一天視為**一個機會而不是威脅**。畢竟，她的考官將是學校裡最有經驗的教師，而他們的回饋意見很可能提供有價值的見解，讓她可以在為美國而教的剩餘工作時間裡改進教學內容。她的焦慮感肯定會減輕，雖然她一定會為這次觀察做好準備，並努力做好工作，但她不會花整整兩週的時間來準備。由於焦慮程度較低，漢娜可能會在觀察日當天的課堂上表現得更好，與學生以更自然輕鬆的方式互動，並從容地因應意外的挑戰或問題，而不是因為對表現的焦慮而「僵硬」。

最重要的是，通過對即將到來的這個經驗採取學習心態，漢娜也更可能得到真正的學習。專注於擴展知識，而不是展示知識，將更能吸收得到的回饋意見，而不是以憤怒或自衛來回應。此外，因為評估的環境會更真實，她也更能善用這些回饋意見來改善教學表現。畢竟，沒有一個老師可以為每一節課花整整兩週的時間做準備。

正如漢娜的例子顯示，即使在短期內，擁有學習心態也能讓你表現得更好。相較之下，過度專注於想證明自己有多優秀，往往反而會妨礙你的表現。諷刺的是，過度努力向別人證明你有能力做到最好，往往會讓你表現得最差。[3]

研究資料也支持這個論點。心理學家勞拉・科瑞（Laura Kray）和麥可・海斯霍恩（Michael Haselhuhn）進行了一項研究，測試商學院學生在準備談判內容的課程時，績效證明心態與學習心態所產生的影響。科瑞和海斯霍恩發現，這兩種心態的人都對談判抱有很高的期望，但具有學習心態的人在不同的談判和整個課程中都表現得更好。心理學家將這種影響歸因於具有學習心態的人可以堅持更久，而且處理挫折的能力也更強。[4]

其他研究也證實了同樣的模式。傾向於採用績效證明心態的人，在處於表現情境時會顯得更焦慮，也較少自信。即使這種心態有助於他們的表現，但正向關係往往也很小。相較之下，傾向於採用學習心態的人則回報，能學到更多，而且焦慮程度較低，表現也明顯較好。與強調避免失敗的績效證明心態的人相較，學習心態的人的表現水準更好。專注於避免失敗的代價非常高昂，它會讓人焦慮程度升高、信心低落以及表現顯著較低。一心顧慮著要避免失敗，很諷刺的是反而會帶來更多失敗。

順便提醒一句，在我正在總結的研究中，績效評估是由執行者以外的人進行的。因此，評估結果與擔心失敗的人認為自己失敗了這件事無關。專注於避免失敗的人表現水準下降，似乎是評估者觀察到的客觀現實，而他們的觀點並不受心態影響。

所以心態很重要。你越以績效證明心態來框架即將到來的經驗，就越不可能從經驗中學習，而諷刺的是，你的表現可能就越差。

現在我們要提出幾個警告。最近的整合分析，也就是評估許多研究中效果強度的研究，發現了這個普遍陳述中的一些重要限定情境。首先，抱持績效證明心態，往往會損及複雜任務的學習和表現，但對較常規和簡單的任務則沒有影響。其次，如果環境變化緩慢且事情進展順利，那麼抱持績效證明心態的人的表現，會與抱持學習心態的人一樣好。因此，對於在變化不大或不迅速的環境中的簡單任務，兩種心態都相當有效。

不過在今天，大多數的人通常都在應對複雜而快速的挑戰，而不是簡單而緩慢的挑戰。隨著我們職業生涯的發展，尤其是在公司內部晉升時，績效證明心態特別容易惹麻煩。這種心態的本質，就是當我們接受艱鉅的新挑戰時，往往會犯錯、遭受挫折，且經歷失敗。在這種情況下，抱持績效證明心態的人容易崩潰。由於焦慮和對失敗的恐懼，抱持這種心態的人會放棄努力、拒絕吸收關於如何進步的資訊，並從面對的挑戰中逃脫。[5] 相較之下，抱持學習心態的人在這種情況下往往會加倍努力、尋求改進的方法，就算遇到挫折也會堅持不懈。

這些整合分析也為心態的重要性提供了額外的證據。學習心態強化了學習，同時還控制了焦慮並加強表現。習慣了學習心態的人，可以享受兩全其美的好處，他們在今天取得了偉大的成就，同時也開發了新的技能和知識，這些技能和知識將讓他們在未來取得更大的成就。

你的心態也會影響你與他人的互動方式。梅根．弗曼（Megan Furman）就是一個很好的例子。在她職業生涯的早期，弗曼在一家科技新創公司擔任重要職務，這家公司為美國國防部開發軟體程式。她已經贏得了「修復人員」的聲譽，每當一個看起來不可能完成的計畫需要完成時，組織就來求助於她。弗曼被要求指導開發美國軍隊在海外使用的一個重要套裝軟體。她要管理一個由七十五名軟體開發人員和工程師，以及服務代表所組成的團隊，他們將前往現場，與需要學習如何有效使用這個軟體的現場部署服務人員一起工作。

弗曼為這個計畫投入了績效證明心態。身為一名年輕的主管，她真的很想向上司證明自己善於團隊領導。這是一項高壓力任務，事後回想起來，弗曼覺得她的心態惡化了問題。由於渴望控制計畫的所有細節，她對同事採用微觀管理（micromanagement），而不是鼓勵他們採取主動並開發具創造性的解決方案。由於這個部分原因，在這兩年的工作期間，她飽受疲憊和極度焦慮之苦。有一次，她被自己承擔的繁重任務壓得喘不過氣，心神迷茫下不小心把自己鎖在約旦一個軍事基地的浴室裡。這種事就已經告訴你，該是時候把壓力降低幾個等級了！

弗曼成功完成了任務，她為她的團隊在國防前線為美軍提供出人意料的支持而感到非常自豪。但她也從中學到了將自己的框架，從績效證明心態轉變為學習心態的重要性。現在她在為美國政府和國防部領導更大的團隊，並且正在有效地應用這個新見解。隨著越來越強的學習心態，她已經很擅長邀請團隊成員提出自己的方法，來因應出現的挑戰，而不是貿然提出解決方案。她也讓自己向周遭的人學習，而不是像過去那樣，用比較績效證明心態的方式，向他們證明自己的能力。

選擇學習心態

當你閱讀上面對兩種不同心態的描述時，你可能會發現，自己對某一種心態的認同比另一種更強烈。由於許多因素，從父母的影響到在學校的經歷和工作歷史，大多數的人會發展出一種傾向，會採用績效證明心態或學習心態，而這也成為他們面對任何新的或具有挑戰性的情況時的預設反應。

不過，好消息是，這種預設心態的選擇並不是一成不變，而是可以改變的。在實驗中，心理學家已經能夠誘導參與者產生暫時的心態，並展示其效果，這表示在生活中，個人也能改變自己的心態。彈性的力量系統要求你決定為特定的挑戰、事件或經驗而這麼做，方法是先注意自己對即將到來的經驗的想法。你將這次經驗視為一個可能暴露個人弱點的測驗，還是一個可以盡最大努力去學習新東西的機會？接著彈性系統就會建議你抓住機會，將思緒轉移到更有生產力的學習導向框架。你可以利用提醒自己學習的潛力，以及對新想法維持開放態度的重要性來做到這一點。

如果你喜歡取得的成果，就可能決定在將來的事件中反覆調整你的心態。隨著時間經過，這種新的心態就能成為成就情況下的習慣思考方式，正如你將在下一位專業人士的故事中看到的情形。

在擔任高階主管訓練講師之前，卡琳．史塔瓦奇（Karin Stawarky）是一名管理顧問合夥人和企業高階主管，她發現自己的心態對自己的**影響力**起了很大的作用。她的工作表現總是很出色，人們會稱讚她對事實的掌握，他們形容她自信、沉著且口齒清晰。但有一天，一位同事發表了評論，讓她明白自己的心態如何阻礙了她的工作效能，尤其是在她進行小組演講時。她的同事說：「當你站在房間前面演講時，總像是有一種方法讓另一個角色出現在你身上。這個人真的很聰明，但實際上也造成了距離。似乎出現了一個不同的史塔瓦奇，一個我無法產生連結的人。你的熱情、同情心和富有感染力的笑聲都消失了。」

在針對這些回饋進行反省時，史塔瓦奇發現，她太專注於為客戶提供良好的訊息，而忘記了另一個重要目標，就是幫助他們與她正在分享的資訊建立連結，讓他們想要對這些資訊採取行動。是什麼讓她忽視了這個目標？和許多專業人士一樣，史塔瓦奇一直都擔心「不夠好」。她同事的評論透露了，這種恐懼導致她以一種實際上對她有害的方式做事。她太專注於透過智慧和知識在客戶心中建立信譽，使得她忽略了與他們建立個人和情感連結的需要，她強調績效證明反而妨礙了她真的做出非凡表現。想改進，就得讓史塔瓦奇徹底解放自我。

史塔瓦奇採取了一些步驟，來改變她的台風和投入風格。特別是，她刻意努力轉變與客戶互動的心態。在規畫過程中，她發現自己下意識地專注在「我該如何向客戶展現我有多聰明和博學？」於是她定義了一個新框架：「我該如何了解客戶面對的個人和專業挑戰，並幫助他們找到更有效的方法？」換句話說，她刻意試圖從績效證明心態轉變為學習心態。她說：「我發現會提出好的問題，才是我真正的超能力。」她在與客戶的會議上帶來的這個新觀點，幫助她變得更開放、好奇和敏銳。這個心態提醒她，少說一點、更好奇一些，以及多傾聽，多想想客戶提出的評論和問題背後的潛在訊息，並尋求他們對於她的關鍵見解，是否感到有意義和有用的即時回饋。

在史塔瓦奇的例子中，一名同事對她的評論顯示了她工作方式的缺陷，而這也促使她改變了心態。其他人則在面臨特別有挑戰性的經驗時改變心態。

在第一章中，我們討論了學者提出最可能刺激學習和個人成長的經驗特質，通常牽涉到高風險和高可見度的挑戰、需要跨越人際和文化界限，並要求創造和促進改變。即使這樣的挑戰可能將我們推回到我們更熟悉或更舒適的績效導向，但卻使學習導向變得更重要。在這些情況下，採用學習導向會帶來特別的回報。

在那一章中，我介紹了領導力學者椎根尼與同事的研究。你應該還記得，椎根尼研究了二百多名試圖培養領導技能的年輕人。她發現，這些人越能將當前任務描述為具有這些挑戰的特徵時，他們的管理者對他們與**領導力**相關的各種能力越會做出高度評價。因此，工作的挑戰激發了這些年輕主管的領導素質，幫助他們被老闆認為很能幹。

椎根尼的研究還產生了另外兩個對我們很重要的發現。首先，椎根尼發現有學習心態的人，比有績效證明心態的人更容易處於挑戰性任務中。這顯示如果你比較偏向於學習心態，就更可能進入有東西可以教導你的情境。椎根尼還發現，有學習心態的人在經歷具有挑戰性的經驗後，被評為領導者的評價更高。換言之，他們的心態幫助他們成長，而他們在領導力方面的成長，也會被其他人注意。[6]

在某些情況下，選擇學習心態非常困難。當弗曼與美國軍方成員一起管理軟體上線時，她經常被提醒，公司在這個案子上投入了多少。公司主管經常打電話詢問是否按時完成排定進度，並對任何延誤表示不滿。也許是這些環境壓力使然，她在試圖證明一切都正常時，感到非常不知所措，而難以有效地處理資訊和尋求幫助。因此，在她需要更開放和更包容的時候，卻感受到要反向操作的壓力，但最後這對她和團隊都沒有好處。

弗曼當時在一個把人推入績效證明心態的環境中工作。這個環境非常高壓、高風險，而且不能容忍錯誤和失敗。當我為撰寫本書而採訪弗曼時，她在一個績效導向的文化中想多採用學習心態所產生的強烈情緒清楚地表露了出來。當她描述身處這種環境中的經驗時，全身緊張、臉色略微泛紅，還抓起我桌上的東西緊緊握在手裡。相較之下，當話題移轉到她目前的工作，和在那裡採用的學習心態時，她的整個身體都放鬆了。「這非常令人興奮，」她說：「有好多東西可以從同事那裡吸收和學習，當我在這個學習空間裡時，我就是最好的領導者。」

學習心態的價值，甚至延伸到人們試圖學習複雜的領導技能之外的情境。麗莎．沙利特（Lisa Shalett）是一名金融專業人士，現在大部分時間都在為成長型公司提供諮詢服務，她在十五歲時培養出一種學習心態，這種心態對她的生活產生強大的影響。由於一場比賽，讓她獲得了一個國際學生交流組織的獎學金，最後在一個日本寄宿家庭住了三個月。

沙利特不會說日語，她的寄宿家庭也不會說英語。除此之外，還有很多小事讓她難以適應。沙利特對魚過敏，但魚卻是許多日本料理的核心。她的身高也幾乎比社區裡的每個人都高。即使是在餐廳點餐，或調整浴室的水溫等看起來很簡單的事情，最後都變得很複雜。

這個經驗迫使沙利特採取了學習心態。她必須學習所有事情，並重新學習許多她認為自己知道的事情。她必須培養出極大的謙卑感，並且願意犯錯，甚至讓自己看起來很愚蠢，因為在一個全新的世界中，除非你勇於嘗試，否則什麼也學不到。

「如今，」沙利特說：「當我回顧這段旅程，我發現日本是我形成持續改進和發展信念的地方。從那時起，這個發現就幫助了我在工作和個人生活中學習。每一個經驗，無論大小，都是一個潛在的學習機會。」

一份新工作也可能讓人們發現，他們需要改變自己的心態。

大衛．麥考倫（David McCallum，與同名的知名演員無關）意外被聘為紐約雪城萊莫恩學院麥登商學院的院長。該學院的校長、教務長，甚至商學院的主要捐贈者都對他提出邀約。

但是麥考倫對於自己是否該接受這個邀請感到非常懷疑。「我既不學商，也不是做量化的數學學者，」他說：「我的學術背景在成人學習和領導力。於是我心想：『關於擔任商學院院長，我真正了解的是什麼？』但後來我想到了一件事，我多年來一直在談論和撰寫關於領導力這個課題，而現在我面臨的挑戰就是要真正站出來成為一名領導者。如果我不答應這次邀請，我的經驗將永遠停留在理論層面，而沒有實際的實務當基礎。我發現如果我拒絕了這個邀約，我可能會後悔一輩子。所以為什麼不放手一試呢？」

於是麥考倫同意了，並投入了兩年的密集**延伸學習**（stretch learning），這種學習來自包括第一章提到的高發展挑戰的經驗。對他的新工作建立一個學習框架至關重要，因為麥考倫發現自己「每天都在沒有指導的情況下憑感覺行事。我每天都在學習，」他說：「我學會了技能、學會了商學院學術課程的管理，也學到了很多關於自己的事情。」

就像我們前面提過的小小滑雪者，由於擔心滑倒，結果反而導致她經常滑倒一樣，麥考倫也會偶爾失敗。他成功克服這些失敗的一個關鍵就是他的心態。他表示：「我接受這份工作時的目標就是，如果失敗了，我不會把它放在心上。我會負起責任，然後盡快吸取教訓。」麥考倫甚至刻意尋找超越自己舒適圈的機會。「當我發現自己又回到舒適圈時，」他說：「我就會有意識地將自己再次推離那裡，並認定這是我繼續學習所需要做的事情。」

有些人把接受「新工作」這個挑戰，變成永久的職業描述，雅各（Jacob）就是一個例子。他是社會企業領域的一名連續創業者，他是這麼形容自己的工作的：「身為一名創業者，我在一個組織第一天的工作與最後一天的是一樣的，我永遠都是創辦人和最後的領導者。我不會由於新的工作分配而在組織中上下或橫向移動。但我逐漸發現，我實際上每年都需要改變我工作的性質，因為組織本身每年都在變化。我永遠不能認為，去年還有效的方法，在今年或明年也會有效。所以我必須經常與團隊檢驗，獲取他們的回饋，並詢問：『你們現在需要我做什麼？』這是一個持續的轉變，我需要學習很多事情。」

調整心態的方法

讚美學習心態的優點，並催促你考慮採用它，這一切都很好。但是你究竟該如何從一種習慣心態轉變成另一種心態呢？

達成這個目標的一個工具，就是刻意改變你腦海裡喋喋不休的聲音，也就是你每天對自己說話的方式。我們先前提到的高階主管教練史塔瓦奇試著克服她的完美主義，因為她發現這加強了她的「績效證明心態」，讓她更難接受新的想法和方法。隨著時間經過，她變得更樂於嘗試新事物，即使在剛開始時會失敗。但偶爾，她對完美的渴望會再次出現在她心裡。

史塔瓦奇的解決之道就是刻意**改變腦海中的聲音**。她發現越是對自己說：「我並不完美。但我接受我的不完美。我是一個還在鍛鍊中的作品。」她就會越相信這個說法。有時候她甚至會大聲說出來。「這就像我在喚醒我的頭腦，以不同的方式看待這個世界，」她說：「我想讓自己的思想以不同方式去看待的一件事情，就是我如何看待自己和我是誰。」

史塔瓦奇繼續解釋道，改變腦海中的聲音可以逐漸幫助你調整可能阻礙你前進的身分認知。換言之，你如何與自己交談，會對你如何看待自己，以及最後對於你是誰這個認知產生長期影響。「假設你把自己定位為大師，在XYZ方面的專家，」她說：「這可能就是你的身分所依賴的基礎。但現在你發現你需要發展自己專業領域之外的新技術和行為。這種對轉變和改變的需求可能威脅到你的自我認同，讓你覺得失去了那個基礎。」

關於身分變化的研究強調，通常會有一個由事件、工作變化或創傷觸發的分離階段（separation stage），然後是一個過渡階段（liminal stage），這是一個中間階段，人們在這個階段會探索可能的自我，並體驗到史塔瓦奇所描述的解脫感。但請注意史塔瓦奇繼續說的話：「你需要培養更廣泛的自我認同感，一種不與特定角色或工作那麼緊密關聯的自我認同感。如果你能做到這一點，那麼你對改變的抗拒感就會小很多。」在這些評論中，她準確捕捉到了研究人員認為的理想的最終狀態，在這種狀態中，你內化了一種新的身分，提供一種連貫的自我意識，並允許你成長。史塔瓦奇說：「這是我在自己身上練習過的東西，我也和客戶一起經歷過這個過程。」

另一種從績效證明心態轉變為學習心態的方法，就是努力**培養對自己更多的同情心**。當你遭遇挫折或失敗時，學習心態尤其重要。當這種情況發生時，善待自己是很重要的，提醒自己這是一個學習和成長的機會、回憶過去你不穩、跌倒和恢復的時候，這些都能幫助你保持學習模式，不會淪為績效證明心態的犧牲品。[7]

甚至有研究證據支持自我同情在支持學習和成長方面的價值。在一系列的實驗中，被提示關注自我同情的參與者，都展現了一系列正面的適應態度和行為。他們對克服個人弱點的能力感覺更有希望；他們也回報有更強的動機去彌補和避免重複最近的違反道德行為；他們也受到激勵，為原先考壞的困難考試花更多時間學習。研究也顯示，簡單的介入措施，例如回憶一段自我同情的經歷，或者花時間寫下一段關於自我同情的經歷，都可以造成不同的結果。[8] 簡言之，鼓勵自己對自己的弱點或失敗採取同情的態度，而不是批評或譴責的態度，可以幫助你走向自我改進、成長和學習的道路。

不要誤解我所說的「自我同情」的意思。這不是讓你自己因為可避免的錯誤或失敗而卸責，也不是讓你決定沒有必要為即將到來的挑戰做充分的準備。追求高績效表現仍然是重要且可取的，但是你在準備工作方面的心態至關重要。學習心態會減少焦慮、增加信心，讓你更開放，也更願意探索，因此能幫助你從經驗中學習和成長。

所以，對高績效表現的渴望與強化學習心態的自我同情態度並不矛盾。事實上，研究顯示，傾向於學習心態的人，更可能在考慮即將到來的活動時，為自己設定具體且有挑戰性的學習目標。因此，**學習心態和高績效是相輔相成的**，它們相互滋養和支持。[9]

學習心態對於彈性的力量非常重要。能看出眼前情況的要求，並放棄一些行為轉而採取其他行為，是高彈性的特徵。能確實做到這一點，就要對當下情況給你的教訓，以及其他人提出的回饋維持開放心態。它要求你願意承認有問題、認清困惑和犯錯的時刻，並透過試驗和錯誤來學習。當然，如果你能把複雜且有壓力的問題，像艾文斯把他在中國的「不可能的任務」一樣想像成一場冒險，是掌握新技能和在過程中成長的一個機會的話，那將會很有幫助。所有這些態度和行為，都得益於學習導向心態。

我們的一位採訪對象是大學副校長，她表達得很貼切。「重要的是要能受教，即使你的求學時光結束了，也要維持學生的心態，」她說：「重點在於保持好奇，一直準備去學習，而不是急於得到結論，然後關閉你的大腦。」

接下來的章節將向你展示一些具體的技巧，你可以使用這些技巧，將這種開放、實驗和探索的態度，轉化為有價值的見解和行為，以大幅提高你在工作和生活中的效能和滿意度。

Chapter

03

設定學習重點

選擇彈性目標

如果你和現在的大多數人一樣，那麼你的生活和工作就充滿了複雜又讓人耗盡心神的挑戰。弄清楚如何解決當天的問題、為老闆完成一項艱鉅的任務、協助組織一場社區團體的活動，以及整理好家庭預算等，這些都已經占據了你的整個腦袋了，怎麼還能找到可以同時發展個人技能的精神和情感的資源呢？

彈性的力量可以幫得上忙。你為提高個人效能而設定的目標，可以在你即使努力掌握那些必須完成的日常任務時，持續幫助你專注於個人發展。當你面對的情況特別困難時，使用彈性的力量來達到這種雙重關注就更重要了。在面臨挑戰、變化或潛在成長的任何時刻，定義一個彈性目標讓你更能善用這個經驗，既能自我成長，還能完成目標。

西蒙・畢爾（Simon Biel）就將這種洞察力付諸行動。畢爾是一家消費產品公司相當資深的人力資源經理，他將一項重要的新工作任務當成個人成長和達成任務的機會。畢爾被要求領導一個聲望很高的招聘委員會，負責設計一個專注於領導公司內部創新事項的新職位，並找人填補這個職缺。該委員會成員包括來自組織各單位的資深同事。這是一個已經準備好要「高成長」的經驗，牽涉到重要的內容目標、高可見度，以及與跨部門人員合作的需要。換言之，這是一個展現彈性的絕佳機會。

就在委員會召開第一次會議前不久，畢爾與他公司裡的好友聊天。這位朋友提起了她最近與這個新委員會的一名成員的談話。朋友說：「他對於要和你一起工作感到有點緊張。」

「他為什麼這麼說？」畢爾問道。

「哦，你知道的，」朋友回答說：「他聽說過你多『讓人畏懼』。大家都用這個字眼來形容你！」

畢爾不太高興聽到人們是這樣談論他的。考量到他工作的部門，以及他最想和同事相處的方式，他知道他必須專注於這個議題。「讓人畏懼」這個字眼暗示他冷漠、會在自己和他人之間設置障礙，還可能讓人覺得他咄咄逼人，而這竟然發生在一家崇尚共事和合作精神的公司！畢爾知道即將與委員會一起展開的工作將是快節奏、緊張和高壓的，但這似乎也是一個讓自己變得更平易近人的好機會，於是畢爾將這個設為管理招聘委員會時要達成的彈性目標。

現在畢爾既有一個內容目標（content goal，為這份職缺提供優秀的候選人名單），也有一個彈性目標（flex goal，努力變得更平易近人）。隨著你在彈性的力量中邁出了第二步，為即將到來的經驗找到第二個專注焦點，就是你的任務。

彈性目標來自於你針對自己想努力的事，你想成長的某些領域。對許多人而言，這個目標將是促使他們首先開始研究彈性的力量的事物，也許是對收到的回饋意見做出的回應。對於其他人來說，觸發因素可能只是想要進步的願望，但現在這個願望需要設定更具體的目標。無論是哪一種情況，重點在於，為即將到來的經驗確定並致力於一個目標。設定目標具有心理學家所說的「對行為制定的促進效果。」[1] 換言之，一旦你決定了想要什麼，就更可能採取行動去實現。

彈性的力量使你成為自己成長之旅的作者，選擇目的地則是這個旅程中關鍵的一步。

什麼是彈性目標？

彈性目標幫助你在具有挑戰性的情況下，將注意力集中在個人發展，以便你從這些經驗中汲取教訓。雖然任何在組織中工作過的人，對目標都很了解，但彈性目標卻稍有不同。在大多數公司裡，目標無處不在，管理者會設定每季目標，然後轉化為每週和每天的期望值。研究已經證實，目標設定是組織達成高績效的一個最重要的工具。幾十年的研究顯示，如果你的老闆給你一個具體的挑戰性目標（例如「增加三〇%的銷售額」，「年底前推出六款全新產品」等），你所達成的，將比如果你的老闆只是告訴你：「盡力而為」要多得多。

常識告訴管理者要為團隊成員設定SMART目標，也就是明確（specific）、可量化（measurable）、可達成（attainable）、實際（realistic）、有時效性（time-bound）等。[2] 但彈性目標與公司管理者設定的目標不同。雖然彈性目標可能含有一些SMART目標的元素，但這些元素在彈性的力量中的作用有很重要的差異。

首先，彈性目標是**自己設定**的。從這個意義來看，它們不太像公司的目標，而更像是我們為自己挑選的新年願望，並在那一年裡或多或少追求的目標，雖然也可以（而且經常也是）基於工作，而不是新年願望這種更典型的個人目標。

第二，彈性目標是關於**學習，而不是成就**。你可能經常為自己設定一些成就或內容導向的目標（例如掌握新的編碼程式語言，或拿下具有挑戰性的客戶等），其中一些可能與公司為你設定的目標重疊。

但是彈性的力量是建立在一個前提，也就是你可以在工作、家庭或社區組織中取得一些成就，同時也發現關於自己的一些重要事物。你的彈性目標將反映出某樣需要學習的東西，不是關於特定任務和如何將它做得更好，而是關於你和你想在個人效能上獲得的成長和改變。畢爾想要變得更平易近人的目標，就是彈性目標一個很好的例子。

在我與高階主管的研討會上，我利用問這個問題，讓目標問題簡單：「你需要做什麼，才能成為你的狗認為你就是這樣的人？」每一個狗主人都明白自己的寵物對他們的崇拜，認為他們在各方面都是完美的。設定彈性目標就是承認自己還有不足之處，然後選擇一個缺點做為改進的重點。

無論是管理文獻還是心理學研究報告，都沒有太著墨於自我設定**學習目標**。或許是因為他們關注工作和工作成果，管理專家主要研究自我設定的**成就目標**是否高於公司設定的目標，以及這些目標是否具有更多或更少的激勵作用。[3] 與管理專家一樣，心理學家也主要關注在成就目標。目前這兩個團體都沒有仔細研究過自設學習目標的運作情況，而這將是我們的重點。

現階段已經有研究開始發現學習目標的重要性，包括它們強化成就的能力。當任務非常簡單時，一個特定且具有挑戰性的成就目標，將會創造足以提高績效的動力。但當任務比較複雜時，研究則顯示，設定學習目標會帶來更好的表現，例如在一項研究中，將目標設定為找出並學習六種或更多策略，以提高任務表現。[4]

渴望目標的力量

從古代的探索傳奇到現代小說，長期以來，儘管個人目標的設定和追求一直是文學的主題，但心理學家直到最近才開始研究目標的起源，以及人們如何選擇目標。有些來自人們對**未來的想像**，例如對我們可能成為勇敢、開放、強大或有影響力的人物的渴望，這類目標的動力是我們想朝著某個目標前進的欲望。其他目標則來自**當下的痛苦**，我們厭惡由於當下缺乏勇氣、開放心態、實力或影響力而造成的痛苦。[5] 目標是套疊的，與更高層次及價值觀驅動的目標連結，例如「成為一個好人」或「為家人或鄰居提供幫助」，會促進低層次的目標，例如「在工作中促進我與喬的關係」或「在社區中提供更多幫助」。[6] 所以畢爾身為講求合作的公司人力資源人員，就抱著要成為一個友善的人的高層次目標，因此當他聽到有人覺得他「讓人畏懼」的評語時，就感受到了「當下的痛苦」。

我們根據對未來的想像設定的渴望目標，可以與企業高階主管被期待要為他們領導的團隊和組織提出鼓舞人心的願景相比。以阿力・威茲維格（Ari Weinzweig）為例，他是安娜堡辛格曼公司（Zingerman's Community of Businesses）的執行長，也是幾本領導力書籍的作者。[7] 威茲維格、他的夥伴以及辛格曼公司的團隊，透過定期想像未來幾年後希望公司會是什麼模樣，而打造了成功的公司，方法就是創作一個生動的描寫，並詳細描述著公司在幾年後應該成為什麼樣子。

他堅信描繪未來並將其寫下來的力量，讓他與辛格曼公司的領導團隊都熱情倡導著以展望未來為基礎的目標。他們這些年來制定了一系列願景，描繪了他們決心要達成的目標，具體來說包括啟動一系列根據全套社會福利原則而組織及管理的社區小型企業，這些原則包括對種族和民族多樣性、公民參與，以及對當地教育和醫療計畫的支持。

今天，他們大部分的願景都已實現。威茲維格認為，對於辛格曼公司迄今為止集體達成的，以及未來想要達成的一切，這種展望未來的作法都至關重要。如今，每當辛格曼公司的員工啟動一個新計畫時，都會先創造一個讓他們能夠描繪出自己試圖塑造的未來願景。正如威茲維格在年輕人尋求建議時所說的：「當你對未來沒有參與感時，就是行不通的。」

威茲維格發現了一些事情。**想像出一個理想的未來，是實現人類改變的關鍵步驟**。威茲維格還補充說，把它寫下來，好讓它堅持下去。在這麼做的時候，你使用的語言非常重要。使用的語言越能讓人反覆回味，想像中的未來畫面越是生動，這個願景就越有說服力。它必須能鼓舞人心。對於曾經蓋過房子的人來說，其中的差異就像你正在蓋的房子的單色藍圖，以及一張由電腦生成、以立體方式顯示你未來房子的全彩繪圖。前者提供的是基礎資料，後者則喚起了對成品的強烈渴望，這具有強烈的激勵作用。最優秀的企業領導者都善於對未來做出展望，這些展望都是正面的，而且可以具體描繪出他們希望的公司未來走向。

管理理論家德魯．卡頓（Drew Carton）領導了幾項建立在這種洞察能力的研究工作。[8] 他發現，使用**圖像修辭**的公司願景，例如「每家都有一台電腦」（來自微軟）與「追求卓越」（來自幾乎任何地方的任何公司）這種抽象修辭，會產生完全不同的反應。在實驗中，卡頓和同事發現了更微妙的差異。舉例來說，當參與者被要求製作高品質的玩具時，最好的結果（這個結果是由七至十二歲的取樣族群評估所得）是在製作玩具的人被賦予下列工作願景時達成的：「我們製作玩具，它們都製作得完美無瑕，」而且「會讓睜大眼睛的孩子們開懷大笑，讓驕傲的父母滿意地微笑。」較沒效果的願景對公司的主要價值（特質）敘述得也很清楚，但在文字上就不太能引起共鳴：「所有玩具都以完美為目標」和「所有的顧客都喜歡」。

當我們為自己打造渴望的彈性目標時，生動的形象和語言也能發揮類似的作用。例如，對全球汽車電子零件供應商偉世通（Visteon）的資訊長拉曼．梅塔（Raman Mehta）來說，目標是根據他親自認識的現實生活中的榜樣而來的。在為自己設定成長目標時，他說自己會尋找：「我信任的人，而且必須是我認為非常真實的人。去觀察他們，看看他們怎麼生活，看看他們怎麼領導團隊，看看他們怎麼管理組織。觀察他們，並試著向他們學習。抓住想法，並找時間與他們交談，把他們當成可以對自己說：『我希望成為那樣的人。』的導師。我希望成為像那樣的領導者。我認為如果我是那樣的領導者，我會對自己的人生感到高興。」他能夠透過這麼做，而為自己發展出未來的自我圖像，是非常激勵人心的。

同樣的，Mission Athletecare 這家設計強化運動員表現和恢復能力產品公司的創始人兼執行長喬許・肖（Josh Shaw），也透過觀察他目前任職公司的執行長，將一家公司「從我們五個人變成擁有五百名員工，從四百萬美元的年度銷售額增加到二億美元，並且讓公司公開上市。」而定下了自己未來成為有效能領導者這樣的願景。「看著這些事蹟，」肖說著：「讓我對自己做了很多目標設定，包括確認我會以紀律處事，會以廣泛視角看待事情。它當然也啟發了我，只要用心去做，任何事情都是可能完成的。」

梅塔和肖經由觀察他人而獲得渴望目標，是種常見的作法。個人會推斷其他人行為背後的目標，並將之納為己用。當我看到一個強大的影響者或傾聽者時，就會想著：「我希望自己也可以這樣。」科學家稱這個過程為**目標傳染**（goal contagion），這是達成定義彈性目標挑戰的一個好方法。[9]

你不一定需要有一個外在的榜樣來仿效。喬治城大學的羅拉・摩根・羅伯茲（Laura Morgan Roberts）和我密西根大學的同事，創造並研究了一種練習，可以發現他們所謂的「反映最佳自我」（reflected best self）。[10] 在反映最佳自我練習中，你向他人徵求描述你最佳狀態的故事（因此才有「反映」最佳自我）。透過顯示你目前更重要的優點，這個練習可以幫助你確認，在制定未來成長計畫時你可以建立的資源。它既能觸發渴望抱負的成長，又能為這個成長指明方向，而且一切都基於你已經擁有的素質，而不是從他人身上觀察到的能力。

未來願景是你在應用彈性時所追求的更高層次目標的一種來源。接著，你的任務就是將它們轉化為在即將到來的經驗或一系列經驗中，所要學習更具體的立即目標。但在進行轉化前，在目標設定方面，你還要考慮一件事情。

厭惡目標和當前痛苦的力量

如果渴望目標是源於我們對未來的幻想，那麼厭惡目標就來自於我們當下所經歷的痛苦。當一名家長發現女兒嚴重憂鬱，為了緩解痛苦，一直在割傷自己，為了回應女兒，家長會以學著更關心女兒以及更傾聽她的心事當作目標。一名參與公司首次全方位回饋流程的經理，得知他的團隊認為他對他們做了太細節的微觀管理，他既驚訝又尷尬，於是採用讓屬下有更大自由度來控制自己工作進度的目標。經過與同事進行一場拖延很久的憤怒衝突後，一名經理終於發現，他這種避免困難對話的習慣讓結果適得其反，於是採取更勇敢且更誠實的目標。

有時候，觸發目標的痛苦感受不是情緒方面，而是身體方面的。克里斯．馬塞爾．莫奇森（Chris Marcell Murchison）是非營利組織希望實驗室（HopeLab）的前任員工發展和企業文化副總裁，這是一家總部位於加州的社會創新組織，主要工作是設計用科學的技術，來改善青少年和年輕人的健康和福祉。莫奇森一直有完美主義傾向，他認為這是一把雙刃劍，在順利的日子裡，能帶來創新和創造力，但在不順的日子裡，它會讓他執著於小細節，對自己和他人都堅持過高的標準。當他的牙醫推薦使用牙套來減輕夜間磨牙的痛苦時，莫奇森知道他的完美主義已經演變成真正的問題了。於是他為自己設定一個目標，要對做得好的工作變得更寬容，而不是對每件事情都要求完美。[11]

這些目標都源自於痛苦。我們想要改變，以減少由於我們未能按照我們的最高價值觀去生活和行動，而給自己或他人帶來的痛苦。當你利用這種痛苦來設定在即將到來的經驗中要解決的特定目標時，這種痛苦可能會成為成長的強大刺激。

將兩種動力結合在一個目標中

有時候，我們發現自己被渴望與厭惡兩種力量所驅動的彈性目標吸引，這些目標反映了對美好未來的想像，以及逃避今日痛苦的欲望。研究顯示，這種混合型的目標能產生特別強烈和持續的努力。接觸到自己當下狀況的消極面，又對自己的未來抱有正面想像的人，往往會堅定致力於想要改變的目標。但是，只有在他們創造出朝著目標前進的計畫時，這種堅定才能轉化成目標導向的實際行動，我們將在第四章的實驗中討論這一點。[12]

琳椎德（琳蒂）．葛瑞爾（Lindred (Lindy) Greer）是一位頗有成就的商學院教員，她接受了新的領導職位，展示我剛才描述的那種雙重驅動目標。她在腦中預想了一個「未來的葛瑞爾」，她可以仿效一名心靈導師鼓舞人心的榜樣，這是在她先前工作場所中一名有權勢的女性。葛瑞爾描述了這名導師如何在一次高層會議上靜坐傾聽、等待時機，然後安靜地只說了一句話，就改變了整個對話的方向。「能夠像那樣溝通，是我的人生目標，」葛瑞爾說道：「不帶情緒、沒有咆哮，不會說得太多，更沒有說錯話。」

葛瑞爾的目標同時也是由她目前所感受到的痛苦而驅動的。她收到同事的回饋，說她「表現出過多的情緒」，而這在某些情境下會讓她看起來「虛弱」或「可怕」。身為新的領導者，葛瑞爾決定要克服這個問題。她為自己設定了一個目標，那就是更刻意地表達和分享自己的情感，無論是口頭還是透過肢體語言，以便成為她能力所及最好的領導者。渴望和厭惡這兩種驅動力，讓葛瑞爾的目標對她而言特別有說服力。接任新職務一年後，葛瑞爾的領導力中心展現出巨大的動力，葛瑞爾形容她與團隊的關係為「非常驚喜」。

馬克．英葛蘭（Marc Ingram）同樣也受益於這種混合型驅動力的強大力量。英葛蘭是一名在大型公立學校體系中工作的財務專家，但他覺得自己的職業生涯陷入了困境。他的老闆，也就是這個學校體系的財務長，告訴他他被視為「做事的人」，卻不是領導者。為了成長，他需要改變這個形象。在這個努力過程裡，他既得到了老闆當作自己榜樣的協助，也參加了一系列領導力發展的短期課程。這些課程幫助英葛蘭建立了自己身為領導者的願景，也更全面了解自己目前因為缺乏領導技能所造成的負面影響。渴望和厭惡的結合被證明是一種有效的學習動機，英葛蘭最後把他新開發的領導技能帶到另一個組織，在那裡他可以重新開始。

從簡單到複雜的彈性目標

有時候人們採用的彈性目標簡單且相對直接，不一定容易達成，但至少易於理解。畢爾想變得更平易近人的目標，以及莫奇森希望降低自己完美主義的目標，都是很好的例子。

有些目標可能非常具體。還記得第二章提到的達頓嗎？她將自己在冠狀病毒流行期間，必須了解線上教學的心態，從憎恨和害怕這種改變，轉變為當作成長的機會而接受它。達頓還為自己設定了一個彈性目標，因為她發現導致自己人際關係發生問題的特定個人特質，那就是她體驗和表達情緒的強度。當她感覺熱情時，她會表現得非常熱情，但當她消極時，她也會表現得非常消極。多年來，她發現自己情緒的強烈表現方式，往往會使人們感到害怕，有時候還會讓他們沉默。考慮到「當下的痛苦」（就是看到她讓周遭的人不敢開口，害怕分享他們的觀點）和她對未來的願景（成為她最想變成的人）

後，她設定了一個具體的彈性目標：「緩和我的情緒表現，以免妨礙他人的表達。」

有些彈性目標更複雜和微妙，英葛蘭希望被視為領導者的目標就是一個例子。要定義什麼條件才會被視為領導者是複雜的，英葛蘭要花時間仔細檢視他的組織，以確定在這種情境中，被視為領導者的人所具備的具體特徵和行為。在他開始學習成為領導者代表著什麼時，他也設定了彈性目標，就是在與他的團隊互動時，放棄對細節的控制，而更關注大局。

安德斯．瓊斯（Anders Jones）與葛瑞爾看起來沒有太多共同之處。葛瑞爾是一名有教學和研究職責的大學教授，而瓊斯則是一名金融科技行業的執行長。但他們都是年輕且非常成功的專業人士，也面臨著相似的困境。葛瑞爾在一所新大學裡擔任需要帶領人員的新角色，這是她第一次擔任領導者。瓊斯則是領導一家新創公司，裡頭的員工都比他年長且經驗豐富。兩人都想知道，如何在擁有和行使權力，以及創造讓他人表達自己的開放性之間取得平衡。

瓊斯是這樣描述這個挑戰的：「身為一個三十二歲但從來沒有做過這種工作的人，我怎麼可能去管理這些人？」他的彈性目標是：「保持謙虛，同時了解每個人都希望被領導，而且無論層級為何，大致上都想被管理。」他希望直接和果斷，但同時仍然對他人的想法保持開放態度，他相信這種平衡的方法，將讓他能充分善用經驗豐富的員工。

葛瑞爾則對她的挑戰有不同的描述。她先前曾在荷蘭工作，據她所說，在那裡：「你總是要讓自己變得渺小、說話要輕快，要表現得像你並不成功，才能被人喜歡。」而現在，在一所美國大學裡工作，她需要定義出一種新的平衡。體認到領導者和追隨者之間的權力距離後，她有一種衝動，想要透過例如有點自嘲的評論這種「讓自己變得渺小」的方式，來管理這種權力距離。但她也知道她需要行使權力。

葛瑞爾和瓊斯都有需要複雜的平衡行為來達成的彈性目標，那就是學著定義不同特長之間的理想組合，以便在短期內可以有效地領導，並在長期提升自己的個人技能。

受歡迎的彈性目標例子

多年來，我們與許多領導者討論了他們的彈性目標，並舉辦多場研討會，讓很多人為自己定義了彈性目標。我向那些想知道該如何選擇彈性目標的人建議，第一件事可能就是應該努力的目標。大多數的人都知道自己需要改進的地方，也通常與生活中出現的議題有關，而且我們從周遭人得到的評論、回饋或沒說出口的反應中都看到過。

為了展示人們通常設定的彈性目標類型，下表是一個學期的結果。這是一個週末MBA領導力課程的兩節內容，這些學生除了攻讀MBA學位外，還擁有全日的正職工作。在學習了彈性的力量後，一百多名學生被要求選擇一個即將到來的重要經驗，並指出一個他們可以在這個經驗中努力的個人發展目標。學生選擇的經驗差異度很大，包括管理一個出現問題的學生計畫、接任新團隊的領導、處理與工作夥伴之間不順利的人際關係。所定義的個人發展目標同樣也有很大的差異度，他們選定了八十五個目標，這些目標可以分為好幾個小類別。表一列出了他們定義的目標中，最多人選擇的目標。這份清單讓我們看見，在尋求成為更有效能的組織領導者上，年輕商業專業人士的主要關注點。

雖然學生給目標定義的名稱差異很大，但可以分為幾個大類。其中一類目標是學習如何去影響沒有直接管理權力的人。綜合起來，這一類目標占了學生選擇的所有目標的二八%。另一類目標則牽涉到演講和溝通技巧。綜合起來，這一類的目標占了學生選擇所有目標的二三%。其他受歡迎的目標類別處理的問題，包括與直屬下屬建立授權關係、處理困難的關係或有挑戰性的人際問題，以及更好地管理任務等。這些都是有價值的目標，而且如果學生們能夠在這些目標上取得進步，那麼這些目標就可能對選擇這些目標的學生有很大的幫助。

表一：受歡迎的學生彈性目標和選擇它們的學生百分比

增進演講技巧	14
經營關係	13
在委派和授權下屬方面做得更好	9
變得更有影響力	9
培養更好的任務管理技能（例如在分心前完成計畫）	8
變得更有主見	7
對他人的意見和新觀點抱持開放態度	7
學會與難相處的人打交道	6
情緒管理更好（例如不那麼自我批判或更樂觀）	6
溝通得更好	5
對他人的回饋和挑戰做出非防禦性反應	5
變得更平易近人	3.5
在一個新的角色中確立自己的地位	3.5
更懂得聆聽	3.5

有些學生難以指出一個有用的彈性目標，有些人則似乎被即將到來的經驗的**內容**所困，因而無法退後一步問自己：「在這個經驗中，我可以培養什麼樣的個人技能，來幫助我提高未來的效能？」舉例來說，當你被要求管理一個員工休閒中心時，在準備和管理這個重要的內容目標時，你可以同時提升有哪些個人效能的技能？分辨內容目標和個人彈性目標，然後學著如何同時處理這兩個目標，是彈性的力量的關鍵要素。

有些學生設定**太多**目標。在進入具有挑戰性的新經驗時，我們建議你選擇一個，或最多兩個彈性目標，不要選更多。如果你試圖解決更多目標，例如我們一些學生就選了五個，就可能會分心和困惑，反而浪費了可以有效利用的時間和精力。

其他一些學生設定的目標則**太模糊**，導致沒有用處。舉例來說，一名學生的目標是「在新環境中與新的人培養人際交往能力。」如果把這個當作人生價值目標的一般描述，那就還算可以，但要當作學生在特定環境中，與特定的人一起追求掌握的特定技能的定義，就相當模糊，這個目標陳述就沒有它原本應該達到的用途。把這個目標重新定義為「在推銷我的行銷理念時，更努力傾聽製造部門人員的意見」，將對學生在該關注哪一項人際關係技能（傾聽），以及何時學習這個技能（跟製造部門人員討論行銷觀念時）等方面，更有具體性。這種具體性將使目標更有用。

但相較之下，有些學生設定的目標又**太過具體**。這些目標陳述指明了策略，而不是學生希望獲得的更廣泛的技能。舉例來說，一名學生說他的目標是：「清楚地記住每個我第一次遇到的人的名字。」我認為對這名學生真正目標的更好描述可能是：「在新人面前建立我的可信度」、「通過組織中的真正關係，擁有更大的影響力」或「與工作中的同事建立更密切的人際關係」。記住人們的名字是一項有價值的策略，但只是一種策略，不是目標。

衡量你的目標是否足夠具體的一個好方法，就是問自己：「如果我現在把這個目標分配給別人，他們會知道該怎麼做嗎？」想確認你的目標是否太過具體，是不是更像是一項策略而不是一個目標，就問自己這個問題：「如果我現在達成了這個目標，它會為我帶來我真正想要的效能提升嗎？」如果這些問題中有任何一個的答案是否定的，那麼你就需要再做一些工作，來詳細定義你的目標。

微調你的目標

一旦定義了彈性目標，你還需要做兩件事。首先，查看一下你是如何陳述目標的。研究動機和溝通科學的心理學家兼作家海蒂．格蘭特．海佛森（Heidi Grant Halverson）建議，用像是**改善**、**更善於**和**成長**這種描述改進過程的字眼，來陳述你的目標。[13] 畢爾希望**變得**更平易近人、莫奇森想**降低**他的完美主義、葛瑞爾和瓊斯則想**學習**平衡自信和克制，而你可能想變得**更善於**傾聽。以這種方式陳述的目標是有力量的，還有助於讓你保持成長心態，你總是可以**更善於**做某一件事，而這就是彈性的全部意義。

相較之下，要避免使用描述具體最後狀態的文字來陳述目標，例如很厲害或最好等。這樣的文字會讓你進入績效證明心態，鼓勵你與他人比較，而不是專注於比過去的自己做得更好。這兩種態度都只會阻礙，而不是增進你學習和成長的能力。

第二點，用**旅程**而不是目的地的方式來陳述你的目標。近來的研究顯示，你越是認為自己在朝著目標前進，就越會繼續朝著目標努力，包括在你取得一些初步進展後，仍然會持續走下去。這個概念也用在減肥計畫中，減掉一定數量體重這種目標的測試。研究人員發現，「旅程」這個比喻在初期並不會影響一個人對達成減肥目標的努力程度，但確實增加了**持續進行**的可能性。[14] 當他們達成最初設定的目標後，把這種努力視為一段旅程的人，更有可能繼續維持健康的行為。旅程的比喻鼓勵他們把學習過程當成一個整體，包括沿途的起起落落，因此可以獲得整體成長的滿足感。

承諾至關重要

承諾意味著對你實現目標的強烈決心，願意為這個目標投入努力，並且急於為實現目標而努力。研究也顯示，承諾是彈性目標過程中最重要的因素。[15] 俗話說得好：「經驗是最好的老師。」但是經驗也會帶來很多干擾，例如在完成任務過程中不可避免會出現的複雜情況、必須對環境產生的新需求做出反應，以及任務團隊中出現的人際關係衝突等所有會將你的注意力從個人發展目標轉移的事物。將一個你承諾的學習目標帶進一個經驗中，有助於維持專注。

你可以利用幾種方式加強對目標的承諾。（你或許該考慮將以下提示的答案寫下來，以使它們更具體與更難忘。此外，學習日誌也為你提供一個可供回頭參考的實體文件，這也可能會有幫助。）首先，**提醒自己為什麼你要在意**。想想促使你選擇彈性目標的因素。反覆思索一個更好的「未來的你」的想像、反省這個議題給你帶來的當下的痛苦，並想像當你實現目標時，你和你的團隊、家庭、組織或社區會獲得的利益。考慮這些成本和效益，有助於你深化對彈性目標的承諾。

在心理上將目標和障礙並置和對比

研究顯示，同時考慮你想去哪裡和你在到達那裡所面臨的障礙，有助於你強化克服這些障礙的承諾與決心。例如，你想增進你的體能，如果你同時考慮你想要的外表和感覺，以及你可能面臨的障礙，像是要在一月寒冷的早晨起床去健身房運動，你就會比完全忽視這些障礙的情況下做得更好。心理學家發現，有這種思維的人會進行接近兩倍的體能鍛鍊、吃較健康的飲食，並在對抗慢性背痛的同時練習更多的身體活動。[16] 這種心理鍛鍊可以讓你更能面對和克服無可避免將會出現的障礙。

把承諾具體化

即使是寫下你的目標這樣簡單的步驟，也能增強你對目標的承諾。當你與他人分享你的意圖時，你的目標也會進一步增強。這就是為什麼在我與領導者的研習營裡，會為他們安排一名同伴教練，並讓他們與教練分享彈性目標。這個步驟讓承諾「更真實」，並增加你熱切追逐這個承諾的機會。

公開你的目標

這個步驟的威力已經在許多研究中得到證明。在一項研究中，公開同意減少能源消耗的屋主，確實比只是私下做出承諾的屋主，減少更多的能源消耗。[17] 在另一項實驗中，當孩子們公開宣稱他們對成功的期待時，堅持完成一項困難任務的時間確實延續得更長。[18] 在另一項嚴加控制的各種對目標增強承諾方法的隨機實驗中，最強烈的影響也與將目標公開有關。[19] 將你的目標做公開聲明，可以減少你「忘記」目標、為忽略目標找藉口，或聲稱自己「已經真的實現」目標，但其實只是更動了目標的機會。哪怕只是看見與你有共同目標的人，也能觸發目標導向的行動，這個力量就是這麼強大。

對目標的承諾，就是彈性的力量過程的關鍵。一旦你選擇了一個彈性目標，要盡你所能去強化你對它的個人承諾。你可能會驚訝和高興地發現，你可以如何更快、更容易，且更徹底地開發出你以前努力掙扎想要掌握的技能。

威茲維格執行長關於打造企業願景，並將其轉化為現實的觀點，也適用於設定和實施彈性目標的過程。威茲維格描述了清楚定義一個你想做到，而且在情感上讓你投入，又能讓你感到願意承諾的願景的重要性。「接下來，」他表示：「你還必須實際去做。重點就是兩部分，願景和實際去做。」

在下一章中，我們將討論彈性目標從想像變為現實的過程中，你會使用的工作內容。

Chapter

04

釋放你內在的科學家

計畫和進行實驗

想要學習和成長，想要享受不斷變化的各種工作經驗所帶來的潛在利益，你就需要彈性，也就是**嘗試做不同的事**。而達到最大學習效果的最好方法就是**計畫和進行特定的實驗**，做一些你認為可以提高領導能力和個人效能的彈性行為。隨著經驗的展開和計畫的實驗開始進行，你會監測結果，觀察它們對你的工作、環境和周遭的人產生正面影響的程度（或者發現它們沒有達成效果）。

透過這種方式，你可以了解哪些彈性行為強化了你的個人效能或身為領導者的效能，而哪些彈性行為則沒有。

規畫實驗：嘗試新行為來達成學習目標

執行與目標相關的實驗很重要，原因有幾個。首先，人們在實現目標這方面是出了名的糟糕。當一月份被目標驅動的健身熱潮結束後，二月份去你家附近的健身房看看，你將毫不費力地找到一台空置的跑步機可以使用！

當需要在最初計畫制定完成的一段時間後持續進行工作時，尤其是當後續工作需要在具有挑戰性的經驗中進行時，這個後續工作會特別難以執行。但這卻正是最有學習潛力的經驗。因此，盡一切努力，確保你能從一項困難且壓力很大的活動中汲取所有有價值的教訓，是加倍重要的。預先計畫且思考周延的實驗，是實現這個目標的有效方式。

彈性的力量需要的實驗是在你的行為中做出**微小但真實的改變**，包括任何與你過去做過的活動不同的事。目標是透過嘗試新事物來擺脫舒適圈，如此就能確認這件事是否會帶來改善。

離開你的舒適圈，聽起來可能不是馬上可以吸引人的畫面。我們很多人都覺得，我們的生活和事業已經夠讓人不舒服了，為什麼還要故意選擇承受更多的不舒服呢？

但學習和成長方面的專家一致認為，某種程度的不舒服，是做任何不熟悉和新鮮事物所產生的自然副作用，這表示不舒服是成長的基本附屬品。著名心理學家馬斯洛在他的著作《科學心理學：觀察報告》（*The Psychology of Science: A Reconnaissance*，暫譯）中寫道：「人們可以選擇回到安全的方向，或者選擇向前成長。必須一次又一次地選擇成長，也必須一次又一次地克服恐懼。」領導力大師約翰．麥斯威爾（John Maxwell）也呼應了同樣的主題：「如果要成長，就一定會走出舒適圈。」[1] 暢銷書作家布萊恩特．麥吉爾（Bryant McGill）也指出：「任何讓你感到不舒服的事物，都是你最大的成長機會。」

我們那些探索過彈性力量的學生和同事，也根據個人經驗證實了同樣的觀點。我們在第二章中提到致力採用與維持成長型心態的商學院院長麥考倫，也描述了接觸不屬於舒適區的事物，如何有意識地成為他成長計畫的一部分。「如果我確實發現自己處於舒適圈，」他說：「我會有意識地把自己再推出來，並相信這才是學習之所在，而不是在日常生活中感到舒適，做著一成不變的事情。」

如果你接受學習和成長需要有超越舒適圈的意願這個觀點，那麼下一個問題自然就是：到底如何做到的？

為了回答這個問題，讓我們回到目標設定這個概念。歐廷珍（Gabriele Oettingen）等研究人員的研究，支持把對美好未來的想像當作個人目標來源的觀念（我們在第三章曾討論過這個想法）。她和她的夥伴用下面的文字描述了這個觀念帶來的挑戰：「一個對未來抱有想像的人也可以被理解為一個面臨問題的人：他想要某樣東西，卻不知道他能立即採取什麼行動來得到它。」[2]換言之，光是設定目標是不夠的。你還需要回答這個問題：「我該如何從現在這裡到達目標那裡？」

想像一個或多個你可以嘗試的實驗，是解決歐廷珍所描述問題的一種方法。為了利用目標的力量，就需要結合為達成目標而採取的具體行動。由於要達成複雜而具有挑戰性的目標，需要採取的行動往往不明確，實驗就成為必要的連結步驟。你需要考慮，在不久的將來，你可以在特定情況下嘗試一個或多個微小但特定的行為改變。觀察到的結果將會告訴你，這些改變是否讓你朝著正確的方向前進。如果是的話，恭喜你！你可以繼續練習這些新的行為，也許還可以透過改變和強化它們來取得更大的進步。如果不是，那也很好，你發現了一些對你而言行不通的事，現在可以去想另一個你可以嘗試的不同實驗了。

假設你設定的目標是想在與同儕一起參與的會議上更具有影響力，你可以從坐在桌子的哪個位置開始嘗試（例如坐在角落而不是邊緣），看看是否會讓你的評論在討論過程中更有分量。如果位置似乎沒有太大區別，你可以嘗試先發言或最後發言，看看你的評論是否會更有影響力。也可以嘗試縮短支持你觀點的論述時間。

像這樣的反覆實驗，最後會讓你專注於將你帶向目標的行動步驟。

根據我到目前為止所說的內容，你可能會發現，我們推薦的做為彈性的力量一部分的這個實驗就是科學家稱為實驗方法的一個版本。在過去三個世紀裡，大部分的重大科學突破，都是透過這種發展洞察力的方法而實現的。科學實驗是一個反覆試驗的過程。這個主張就是，每次試驗都會產生對問題的新見解，即使錯誤也會產生有用的資訊。有些學者是這樣描述這個過程的：「想像你試圖用一整串自己不熟悉的鑰匙來打開一扇門。將一根鑰匙插進鎖裡，看能不能轉動，這就是實驗，即使實驗失敗，也會產生新的知識，因此可以縮小後續試驗的範圍。」[3]

在不知道能否奏效的前提下，以**開放的態度**去嘗試事物是實驗的基本要素。傳奇發明家湯瑪斯・愛迪生在記者問他，進行了一千次失敗的實驗，只為了尋找適合的電燈泡燈絲材料是什麼感覺時，他是這麼回答的：「我並沒有失敗一千次。燈泡就是一個需要一千個步驟才能完成的發明。」[4] 你越能按照同樣的思路重新架構你對失敗的看法，你的狀態就會越好。雖然你顯然不想尋求重大的失敗，但你從不可避免的小失敗中恢復的能力，相當程度上取決於你如何架構它們。如果失敗被架構為世界末日（或在情緒上認定是世界末日），那你很可能無法從失敗中復原。把它視為你可以從中吸取教訓的錯誤，或者像愛迪生那樣把它當作過程中的一個步驟，就會給你更好的機會在事後復原。

當然，科學實驗是嚴肅的事情。它要闡明假設（也就是對要進行測試的可能因果關係所做的理論描述）、選擇在過去實驗中已經得到驗證的方法和測量技術、以精確和透明的方式進行實驗，然後將結果提交同業專家進行審查和分析。唯有這麼做了之後，其他科學家才會接受你的實驗，認為它對知識做出了有效的貢獻。

彈性的力量在你的日常工作中，也運用同樣的方法，只是不需要那麼多試管和燒杯！首先，我們推薦的實驗不會那麼正式和嚴謹，而是比較有趣和開放。我們的想法是嘗試一些新的行為方法（例如你在同儕會議中應該坐在哪裡，或什麼時候該發言），以確定這些新行為是否讓你更接近你的學習目標，並不斷重複這個過程，在每次重複的過程中獲得新的見解。

在規畫與執行這些實驗時，你也可以選擇改變一些科學家通常遵循的規則。舉例來說，與其嚴格將實驗彼此分離，以避免一組結果與另一組結果相互「汙染」，你可以決定同時進行兩個或三個實驗（例如同時執行最後發言和縮短發表論點的時間）。這麼做是可以的，畢竟，你並不是在開發一種新藥，而其療效必須通過科學的精確度測試。你只是在尋找適合你的人生策略。所以如果你同時嘗試二到三種行為改變，並發現它們結合起來可以幫助你更接近自己的目標，這樣也很好。

其次，我們推薦的實驗完全是**個人的**。你可以接受任何你喜歡的「假設」，而不必擔心你的科學家同事會不會認為它是合理的，你也可以根據實驗結果帶給你的感受，和你觀察到的效果，主觀判斷你的實驗結果。當你嘗試用新方法召開會議或主持研討會時，你喜歡從同事那裡獲得的反應嗎？你用來組織計畫的新系統，是不是產生了更好的結果？如果你喜歡實驗的結果，就把它標記為成功。就這麼簡單。

通常，能否在實驗中獲得樂趣，只是一個「正確調整」努力的問題。露易絲（Lois）是一名精於對自然場景做出現實詮釋的藝術家，她為這種「正確調整」提供了完美的比喻。她一直希望自己的繪畫風格可以更「放鬆」。在 COVID-19 隔離期間，由於有更多閒暇時間，她開始在八英寸見方的畫板上畫花，而不是通常用的二十英寸見方的畫板。這個八英寸見方的小空間，卻帶來了很大的差異。它夠小，讓她可以實驗一下，任事情自然發展，如果實驗不成功，沒問題，它只是一個八英寸見方的畫板而已！許多星期後，她真的對渴望已久且更自由風格的繪畫方式產生了一些興趣，並對於在更大幅的作品中，使用這種更具表現力的風格感到更有自信，而這一切都是因為她最初的實驗夠小，讓她對作品抱持了更輕鬆的態度。

彈性的力量的實驗讓你主導自己的學習和成長。你不需要等待別人承認你的潛力、送你去參加課程或培訓計畫，或者為你指派導師。相反的，你只需要嘗試不同的行為，並評估它們的影響，就可以讓自己走上成長之路。當你把實驗變成一個充滿希望的正面過程時，就可以給自己帶來樂趣，而這個過程保證你持續成長、學習和改進，這一切都是你可以自在融入日常活動的自然結果。

如何規畫實驗？

規畫一個實驗以當成彈性計畫的一部分是很簡單的。首先，你要想出一個你可以做些什麼來提高領導技能和個人效能的想法。下一步，是想像你如何透過在即將到來的經驗中可能嘗試的特定彈性行為，來測試你的這個想法。規畫實驗的最後一步就是定義成功，也就是事先決定，你要尋找什麼證據來確認你的想法是否正確。

假設你的彈性目標是在會議中變得更有影響力，換句話說，你想要更能影響出席會議的其他人的態度和觀點，好讓團隊做出更多你支持的決策，你可能決定透過在工作團隊的週會上改變你的行為，來實現這個目標。接著你想到一個可以測試的想法，例如在團隊會議上保持沉默，直到最後才發言，可能會增加你對於做出決定的影響程度。

現在你需要一個具體的計畫來測試這個想法。舉例來說，你可能計畫在接下來兩個月的每週團隊會議上，在所有其他團隊成員都完成發言之前，都刻意不發言。然後你就可以透過追蹤會議中做出的決議，並就你影響這些決議的成功率，與以往會議的比率進行比較，來確定你的實驗是否成功。比如說，假設在之前八次的團隊會議（相當於兩個月的期間）中，團隊做出的重大決策，有三次是按照「你的方法」做成的。如果你在接下來八次的團隊會議中，能取得五或六次的「勝率」，你的實驗就可以被認為是成功的。

這幾個簡單的想法就構成了你的實驗計畫。你可以在下次團隊會議召開時立即開始執行這個計畫，並從中學習。

你還記得在第三章中，西蒙．畢爾收到的回饋意見告訴他，他在會議上的行為使他顯得「讓人畏懼」，看起來嚴厲、冷酷，甚至有點可怕，而這讓他的同事都避免與他合作。畢爾想要改變這個形象。當他被要求領導一個新的跨部門委員會時，他決定利用這個機會，測試一些有關如何產生這種改變的想法。他計畫在委員會期間同時進行三個小型實驗。

首先，他決定每次委員會會議都提早到達，以便在成員到達時可以迎接他們。這與他平常安排超負荷行程的模式形成鮮明對比，平時他都是準時參加會議，甚至有點晚到，抵達時有點慌亂，然後直接切入手上任務。

其次，為了拉近他和委員之間的權力距離，他決定彈性處理他就坐的行為。他不坐在桌子的頂端，而是選擇坐在一邊，和其他成員坐在一起。

畢爾的第三個實驗很簡單，但也許是最有力量的。他注意到當他想著溫暖的想法並關心他人時，他的臉上卻沒有表現出來。他假設是自己的面部表情塑造了讓人畏懼的形象，因此他決定要高彈性，更常微笑。加總起來，他希望這三個行動能開始改變同事對他的印象，從「讓人畏懼」變成「平易近人、開放與友善」。

畢爾透過將這三種行為轉變，納入整個委員會期間內的所有會議中，藉此來進行他的實驗。他透過仔細觀察委員會其他成員的行為，來測試這些變化的有效性。透過畢爾準時（甚至提早）出席會議、全程投入會議，並自在參與討論等行為，其他成員是否看起來更自在且更願意參與委員會的討論？他們是否看起來很自在地公開表達自己的想法和意見，即使與畢爾的不同？他們有沒有用自己的笑容來回應他的微笑？這些和其他形式的隱性回饋，都將幫助畢爾判斷他是否變得更平易近人。

當然，他也仔細聆聽任何直接的回饋。像「很高興和你在這個委員會共事，畢爾！」這樣的評論，對證實他實驗計畫的有效性大有幫助。

我們之前提過的高階主管教練卡琳．史塔瓦奇進行了一系列實驗，試圖找到一種方法，將她給客戶留下的印象，從僵硬的老學究感覺，轉變為熱情、關懷和大方的人。在每個例子中，她都會想出一種可能對她與客戶關係產生正面影響的新行為，然後在一次或多次的業務活動中測試這種行為，並觀察結果。

在一項實驗中，史塔瓦奇會在與客戶群組會面之前，找一個安靜的空間，並花時間讓自己在心中為會議集中精神。她經常使用特定的心像（mental imagery），當作達到這個目的的工具，例如想像她自己正在準備一餐飯，並為客戶上菜。她回憶道：「我能看見自己伸出雙手，幾乎像翅膀一樣，端上一盤食物。」這個象徵性的姿態，喚起了她希望展現的服務和好客精神。在第二項實驗中，史塔瓦奇在與客戶見面前進行呼吸練習，來控制她的壓力程度。在第三項實驗中，她利用背誦一系列肯定和正面的陳述，為演講做準備，這些陳述幫她確認了她是誰，以及她對自己的了解。

大學校園生活提供了很多潛在的領導力經驗，也為實驗提供了很大的空間，有嘗試事物的機會、去犯通常代價不太昂貴的錯誤，然後從錯誤中恢復和成長。這當然也是一家大型諮詢公司裡，一名有高度企圖心的年輕員工的經驗，她渴望為在商業領導領域取得成功的職業生涯奠定基礎，我們姑且稱她為娜迪亞（Nadia）。

娜迪亞在大學期間擔任重要的領導角色，並開始注意到來自其他人的一些負面反應。她後來在回首這段經歷時說道：「我認為我的個性與其他人比起來更有控制欲。」這個傾向因為在一個改革論壇上競選學生會主席而加劇。她認為自己的選舉勝利，給了她權力去推動她的同儕，甚至連實施她提出的變革時間表這種細節也不例外。她周遭的人開始變得越來越沮喪，而娜迪亞終於察覺了這件事。

她的因應方式就是採取稍微放鬆的目標，不是立刻放手，而是慢慢隨著時間經過去測試各種策略。這是一個典型的彈性的力量行動，嘗試不同的事情、伸出觸角，並**根據回饋和達成的結果決定下一步行動**。

娜迪亞的第一個實驗只是單純在交代事情該「如何完成」時稍微放鬆，但仍然為應該「做什麼」設定完成參數。她第一次如此嘗試時，結果令人驚訝。一名學生會幹部「想出了一個很棒的想法，然後付諸實行，結果比我想像的要好得多！」

娜迪亞的第二個實驗牽涉到一種維持專案進度的新方法。她的舊方法是責罵沒能趕上執行進度的隊友。現在她嘗試修改這個方法。在專案計畫到期的那天，她會向還沒交件的合作夥伴發送電子郵件，裡頭包含這樣的訊息：「嘿，我發現這項工作還沒完成。如果你需要任何幫助才能完成，請告訴我，因為我想確認你仍然能夠完成這個真正讓人激動的計畫。」結果再次讓人滿意。她同事們的回應是感覺自己被授權而不是被控制，在收到娜迪亞的訊息後，他們通常很快就完成了工作。

娜迪亞的成功實驗幫助她建立了一條改善領導風格的道路。它們並不是立即改變了她根深柢固的性格特徵，娜迪亞表示她仍然有控制欲，但她說：「我逐漸學會了如何以不會讓其他人覺得太苛刻的方式來控制。」在隨後的 MBA 求學和擔任校內社團領導人期間，她形成了一種更具影響力的風格，而核心訊息就是「告訴我你的目標是什麼，讓我幫助你實現。」隨著她開始在麥肯錫（McKinsey）擔任顧問，這種觀點應該為她的成功奠定很好的基礎。

正如這些故事所顯示的，幾乎你的每一次經驗都是嘗試和學習的機會。實驗的想法可以有許多來源，並有許多形式。有些實驗，例如畢爾改變領導會議風格的實驗和娜迪亞專案管理技巧的實驗，都專注於人際之間的動力。而其他實驗，例如史塔瓦奇與客戶見面前的練習，則專注於個人的內在力量，也就是那些會影響她後續行為的情緒、心態和期望。

有時候，實驗專注的是**不採取什麼行動**，而不是要採取什麼行動。娜迪亞的丈夫最近就提出了一項觀察，而引發了一項新的實驗：「有時候太快對別人做出反應，會讓他們處於防禦心態！」娜迪亞也察覺到這個傾向：「我想我是在高中參加辯論隊時養成了這個習慣。」現在她嘗試在回應別人的問題或挑戰前，先暫停一秒鐘。根據這項實驗得出的結果，這個一秒鐘的停頓可能成為娜迪亞人際溝通武器庫中的一個新工具。

實驗**不一定在工作場所進行**。法賈（Fajar）是一名MBA畢業生，最近剛成為亞洲一家科技公司的產品開發主任。他的技術、管理和財務技能都非常出色，但他想知道自己是否具有創造力，可以幫助公司成為科技領域的領先創新力量。法賈說：「我的左腦狀態很好，但我很想讓右腦也彈性起來。」

為了實現這個目標，法賈進行了一項極不尋常的實驗：他去練習書法這項中國傳統藝術。他見到一位朋友上書法課，使用毛筆和墨水練習，這讓他受到了啟發。法賈自己報名參加了課程，現在他發現自己的想法正在以一些有趣的方式發生變化：

> 我在學習控制我的手、我的姿勢，甚至我的情緒，好讓墨水的流動和最後的結果更平衡和美麗。

在這個過程中，我也留意到其他的變化。例如，我越來越懂得欣賞藝術作品的美，也對我周遭的環境越來越敏感。我變得越來越有觀察力和耐心了。我以前常說：「我沒有藝術天分。」但現在我不擔心這點了。我本著跳出框架的思維和行動的精神去迎接新挑戰，而它以新的方式將我開啟。

書法與法賈成為高科技創新者的目標並沒有直接關係，雖然我們也可能發現史蒂夫・賈伯斯（Steve Jobs）經常談到他在奧瑞岡州波特蘭市的里德學院（Reed College）上的書法課程如何激發了他對設計的興趣，因此創造出最早的蘋果電腦。但法賈的實驗正在幫助他發展新的思維技能，這些技能有可能提高他在商業和生活中的效能，這就是彈性的力量的意義。

有時候，你也可以設計**一次性的個人實驗**，成功與否，主要是由你自己的幸福感來衡量。我們在第二章遇到了漢娜這名非營利組織為美國而教的老師，她設計了一個實驗來測試一種重新找回個人生活的方法，那就是在為高中生做家庭教師的同時，也為一家提供字幕服務的公司做外包工作。這兩項工作都要求她經常上網，尤其是在二〇二〇年COVID-19大流行期間。漢娜對於她的時間被許多要求以及不斷更新的新聞和資訊中斷，而感到不知所措，她說她有時候覺得：「是我的日子在主導我，而不是我在主導我的生活。」

為了反擊，漢娜決定嘗試度過一個「無科技週末」，她希望這能給她一些時間和空間，來思考她在生活中真正想要和需要的事，而不只是讓生活就這樣匆匆流逝。

隨著無科技週末的腳步接近，漢娜幾乎陷入了一個常見的陷阱，她開始感受到要讓週末豐富起來的壓力，也許是要接受一個新計畫，或者徹底清潔浴室。她克制了這種衝動。她決定讓自己的週末時間完全開放。她甚至提前提醒她的朋友，這樣她就不會因為忽略他們的電話、簡訊和社群貼文而感到內疚。她利用週末做瑜伽、煮一頓比平日精緻的晚餐、看書，帶著她的狗去散步更長的時間，和狗狗一起坐在公園裡，而不是匆忙地遛狗。沒有什麼特別安排，她就只是花時間做想做的事情，而不覺得應該過得更豐富，也不會被手機或他人的期望而分心。

漢娜真的很喜歡這個結果。她在這兩天裡不會想拿自己的週末與社群媒體上朋友的週末做比較，她也忽略了電視和網路上源源不斷的新聞，這讓她免於陷入許多人無法抗拒的焦慮和憤怒的深淵。最重要的是，她在週一明顯感覺精神煥發，並且更有活力迎接未來的一週。

如果你想不出實驗的想法，試著與朋友、同事、導師、教練和同學交談。在我的彈性的力量研討會中，我們會集思廣益實驗的內容。參與者會描述他們想要實現的目標，並聽取陌生人提供他們可以嘗試哪些新事物的看法。有些想法還不夠成熟，但另一些想法則很精彩，當然，尋求靈感的參與者可以自由決定嘗試他們喜歡的任何建議。

放下完美主義：一名彈性思考者的十項實驗性練習

為了更充分了解實驗的力量，讓我們來看看一個非常有責任心的人，如何因應個人成長的挑戰。還記得第三章提到的莫奇森嗎？當他的牙醫警告他，說他整晚都在痛苦地磨牙時，莫奇森為自己設定了一個目標，那就是不要再當一個完美主義者。但他並沒有就此止步。他接著在一篇部落格的文章裡，概述了他規畫的降低完美主義所需的所有步驟。其中一些是個人內在的探索，但有些則是真正的實驗，莫奇森計畫對他的頭腦中和他工作環境裡的同事進行這些實驗。以下是莫奇森在他的貼文中列出的十項練習：

- **提高自我意識**。了解完美主義的來源是至關重要的。這種傾向從何而來？它滿足了什麼？尋求研討會、書籍、顧問、教練、朋友和家人的幫助，是回答這些問題的必要條件。
- **自我同情**。看到並欣賞我是誰，接受自己。在放下完美理想，讓別人看見真實的我的時候，要善待自己。
- **打斷災難性思維**。問問自己可能發生的最壞情況是什麼！將這種最壞情況的想法放大數倍，直到結果顯然非常荒謬為止。
- **重建框架**。接受「我的感知並不是現實」的這個想法。敞開心扉，看見與我現實版本相反的一面，並挑戰自己的心理模式。
- **放手**。認出當我陷入完美主義時，在我頭腦中出現的噪音，並放手讓它流走。應用正念練習幫助我離開頭腦，並進入身體。
- **將生命視為進行中的實驗**。利用承擔小風險，並根據結果重新調校自我形象，練習自己的脆弱。
- **尋求回饋**。尋求非常具體的回饋，以防止反覆思考我認為出錯的地方。
- **即興創作**。練習少做計畫，多接受自發的時刻。學會自嘲，不要太嚴肅地對待生活！參加即興創作研討會對我來說是一種轉型。
- **自信**。相信我做得已經夠了，更多的努力不一定必要，也不一定有幫助。
- **讓朋友走進來**。揭露祕密，讓別人知道我的完美主義傾向，讓他們幫助和支持我，甚至在我對付它時，陪我一起笑。
- **這是一種練習**。[5]

最重要的一點，請注意莫奇森在他的部落格文章最後所寫的：「這是一種練習。」這句話的語氣與彈性的力量完美契合。

重點在於去嘗試，在現實世界中用行動去驗證想法、觀察造成的影響，然後再嘗試另一件事。一旦你找到了有效的方法，就要期待著去練習它，直到它成為一種習慣，也就是讓你的日常生活和工作更有成果與回報的「新常態」的一部分。

哪些種類的障礙會阻礙實驗？

人們往往對實驗有兩個顧慮。首先是對一致性的顧慮：「如果我從明天開始表現得不一樣，尤其是如果我放棄了一個實驗性的行為改變，而嘗試另一個，我周遭的人不會因為我缺乏一致性而煩惱嗎？」

第二個常見的顧慮是關於可能的失敗：「如果我改變了與人交往、管理計畫或領導團隊的方式，結果造成尷尬的失敗，我的聲譽和形象在同事眼中不會遭受嚴重的損害嗎？」

有趣的是，這些顧慮太常見了，還有研究測試了它們的有效性。研究人員對人們展示了關於領導者的描述，內容包括這些領導者所採取的行動隨著時間經過是一致的還是不一致的，同時還提供了關於這些領導者所領導的行動，是失敗或成功的資訊。然後，他們要求研究參與者對領導者的表現進行評分。研究結果清楚顯示，關於實驗的兩種恐懼，也就是對不一致性的恐懼和對失敗的恐懼，其中一種比另一種在現實中更明顯存在。你能猜出是哪一種嗎？

研究顯示，對不一致性的恐懼這種說法，實際上幾乎沒有根據。不過，對失敗的恐懼卻得到了一些證據支持。

在這些研究中，遵循前後不一致但最後成功的行動決策的領導者，表現得相當好。似乎大多數的人都樂於支持和讚揚一名偶爾會改變風格和策略的領導者，只要最後結果良好就可以了。因此，如果你自己因為擔心看起來不一致而不願實驗，請試著擺脫這種顧慮。只要能在過程的終點產生好的結果，不一致性對大多數領導者都不是問題。

相較之下，始終如一但最後失敗的領導者，從研究參與者那裡得到的評等會比較差。顯然在大多數人的眼裡，如果你的努力無法產生成功的結果，那麼保持一致性並不是什麼美德。

因此，對失敗的恐懼有著真正的風險。不過，這種風險是可以管理的。將其減低到最小的一種方法，就是將初始實驗維持在較小的規模。如果你想嘗試一種組織團隊計畫的新方法，就從任務利害關係較小的一小群員工開始測試。如果這個實驗成功了，你就可以將相同的改變應用到可見度和重要性更高且更大的計畫。

這種方法既可讓你享受成功實驗的好處，同時也能降低失敗帶來的痛苦風險。這與製藥公司的研究人員會先針對少數患者測試一種新藥，以消除使用具有潛在致命影響配方的可能性相當。只有在小規模試驗證明了該藥物的基本安全性後，研究人員才會繼續對其功效進行大規模研究。

不過，風險問題仍然真實存在。對於抱持績效證明心態的人而言，透過實驗來冒險總是特別困難。相較之下，我們在第二章開頭所描述的學習心態，將使明智的冒險變得比較容易。事實上，即使可能失敗，學習心態仍允許你嘗試新事物。

我們在第二章談過的金融專業人士，在學生時代曾在日本接受生活挑戰的麗莎．沙利特，她這樣描述了學習心態的重要性：

我認為把自己置身於舒適圈之外的環境中是非常重要的。刻意這麼做能夠打開你的思維，讓你擁有不這麼做就無法獲得的經驗。可惜的是，很多人只將自己定位於達到專業化的目標。他們會說：「我只想在這方面做到最好，我想成為這方面的專家。」然後他們發現自己狹隘地生活在那個區域。

這並不代表你要把自己送去日本。而是要把自己置身於一個除了學習別無其他選擇的情境中。

彈性實驗就是把自己置於那種「無法避免得學習」的情境中的好方法。它們提供了成長和發展的機會，而代價則是你可以透過思考周全的風險控制來管理。

娜迪亞就很漂亮地展現了實驗精神。當她描述她正在努力克服的挑戰，和正在測試的新行為時，反覆使用諸如「我正在努力做到」、「我在這方面並不完美」和「我還在轉型中」之類的字眼。這種字眼反映了她對改變和成長所抱持的開放態度，以及她願意接受適度風險，以換取實驗所打開的更廣闊視野的態度。採取這種態度，就是克服阻礙了太多人參與實驗的心理障礙的最好方法。

實施意圖：規畫在實驗出錯時的彈性調整

你還可以做一件事，使實驗更可能成功。當你懷著一個重要的彈性目標，去接觸一個特別重要的經驗時，試著花些時間去培養目標研究者所謂的**實施意圖**（implementation intention）。這些是關於可能干擾你的實驗的事，以及你可以如何因應的有效方法的計畫。換句話說，實施意圖就是如果事件沒有按照計畫進行時，可以**應用「如果－那就」的準備措施**。

下面是畢爾使用這個技術的簡單示範。你應該還記得，畢爾想提高他平易近人能力的實驗性作為，包括提前抵達委員會會議現場。在規畫這項實驗時，畢爾想到了控制工作日程表往往會因為最後一分鐘的中斷和緊急情況而變得複雜，這些緊急且不在計畫之內的任務，總會讓他開會遲到，而不是提前抵達。

為了防止此類事件阻礙他的實驗，畢爾制定了以下的實施意圖：他把電腦設置成在會議預定開始時間前十五分鐘，向他發送一個會議即將召開的視覺和聽覺提醒。然後，當這個提醒出現在他的螢幕時，他會立即動身去開會，而不是按照他通常的習慣：試圖完成一個小任務，導致他被打斷和分心。

這裡還有另一個例子。約翰的目標是更開放地接受團隊的意見。他計畫在團隊會議上進行一項實驗，當另一名參與者提出想法時，約翰將從總結他所聽到的內容開始回應。這個想法是要讓約翰強迫自己，在提供個人回應前，先仔細傾聽並充分「理解」團隊成員的見解。這是一個可能幫助他更接近目標的好主意。

但是在規畫這個實驗時，約翰停下來思考他的計畫可能偏離正軌的方式有哪些。有一種可能性立刻浮現在腦中。約翰知道他特別難傾聽那些用他認為「發牢騷」語氣說話的人，團隊中有一個叫馬蒂的成員就經常使用這種語氣。當這種情況發生時，約翰幾乎咬牙切齒，並且停止聆聽，不耐煩的反應也迅速寫在臉上。約翰為了更開放而做的任何努力就這樣落空了。

為了防止這種情況發生，約翰特別針對發牢騷的應變方式考慮了一個實施意圖：「如果團隊中有人以發牢騷的語氣提出問題，我會在聆聽時維持高度警惕，然後複述我聽到的內容。」

僅僅預先制定這個意圖，是否有助約翰堅持他的實驗計畫呢？事實上，有的。大量研究支持這個發現，當人們仔細考量可能分散他們對目標注意力的事件，並計畫好當這些事件發生時的因應作為時，他們維持專注和高效能的能力就會大幅增強。用社會科學的術語來說，制定實施意圖有助於確保你遇到的障礙會突顯（也就是明顯且可識別的）、你將考慮的選擇會是有範圍限制的（基於你的事先計畫而定），而你的行為更可能是自動的、目標導向的和成功的。

當然，任何一項實驗能教給你的東西還是有限的。彈性的力量包括讓實驗成為你工作的常態。它把成長變成一種你每天都在玩的遊戲，與你自己競爭，看你如何能變得更聰明、更強大和更高效能。在一段時間後，每次實驗所產生的小結果都會累積下來，最後形成可以產生顯著成就的大變化。

Chapter

05

需要整個村莊之力才能成長

尋求回饋以強化學習效果

談到個人效能時，光靠自己來決定你是否有效能是不夠的。你需要了解別人對你的看法。

如果你和大多數的人一樣，那麼你的生命中也會有重要的利益相關者，而他們對你的看法就非常重要。在職場中，這些人包括你的老闆、同事、客戶和下屬，在家庭中及社區裡，他們則包括家人、朋友、鄰居和其他共事者。這些人都可能在你的成長中扮演重要角色，這就意味著了解他們如何看待你是很重要的。想要弄清楚這一點，通常需要尋求回饋。在別人眼裡，你的實驗成功了嗎？你在決定要磨練的技能方面是否變得更好？要回答這些問題，你需要密切關注他人的反應，有時候還要直接詢問他們的回饋。

尋求回饋可以透過許多方式達成。以我們在第四章討論過的娜迪亞為例。她渴望學習和成長，她也知道自己不一定能清楚看到自己的弱點。幸運的是，她有一個盟友，那就是她的丈夫。鄧肯（Duncan）有時候會在公共場合輕推她一下，發出只有娜迪亞明白的無聲信號：「哎呀，可能不該這麼說。」在每次重要的會議或演講後，娜迪亞和鄧肯經常會熬夜討論哪裡很順利、哪裡不順利。鄧肯就像是一對額外的眼睛和耳朵，注意到娜迪亞應該可以做得更好的小事情，讓她可以在下一次活動前事先練習妥當。

當我們採訪娜迪亞時，問她：「聽取鄧肯的批評會很難嗎？」

「其實不會，」她回答道：「因為我總會請他提供回饋。況且無論如何，我知道他是想幫助我。雖然我承認也有一、兩次我帶著眼淚，對他告訴我的事情採取防禦反應。想起自己的錯誤並不一定那麼容易！」

我們都能理解娜迪亞的感受。回饋或許難以吸收，但我們都知道它有多重要。因為其他人的主觀觀點很重要，如果沒有回饋，你就無法在你的個人效能、你的實驗在這個特定群體中的表現，以及你在特定目標上的表現等各方面的經驗中學到很多東西。

其他人其實很了解你。他們看見你的樣子，也注意到你給人的印象，他們會解釋你的行為，甚至注意和解讀一些小事情，例如你的聲音變化，他們也對你的表現有一個整體認識，例如你是否值得信賴、為人實在和平易近人等。關於你的事，他們常常知道很多你自己都不知道的事。本章標題中的「需要整個村莊」（It takes a village）強調的就是這些資訊的重要性。我們的一名受訪者使用了這個確切的表達方式，來描述他從其他人那裡得到回饋意見的價值。

當你只為自己獨自做某件事時，你可以決定你想達成什麼目標，以及你想如何去做，也可以採用任何你想要的方式去評估你的行為，更可以自己肯定自己的努力和結果，然後繼續你的生活。許多人每天都在這麼做，在淋浴時唱歌，笑著感覺自己的聲音多美妙，並肯定自己的聲樂技巧。但是如果你做的是更複雜的事，並且在一個其他人一定會參與你所做的事（與獨自一人洗澡相反）的世界中做這件事，以及如果他們對你的表現主觀評價變得很重要時，那麼設下路標以確保事情按計畫進行，就會很有幫助。

簡言之，為了成長，你需要回饋。專業人士在組織中所做的大部分事情，以及我們在生活中所做的事情，都是被主觀評估的，重點在於其他人如何看待你。這個現實讓了解別人如何看待你成為很重要的事。你可能認為，你給別人的印象是熱情或有魅力，但如果別人不是這樣看待你，你的效能就會受影響。你可能以為，你已經為你的團隊敘述一個非常清晰和鼓舞人心的方向，但如果你混淆了資訊，或者你的實際演說乏善可陳，就不會產生你想要的效果。你可能認為自己是一個「嚴厲的愛」的領導者，但是如果你周遭的人只看到嚴厲管教，或者只看到愛，你就不如自己想像的那麼有效能。你可以得知以上這些假設是否成立的唯一方法，就是尋求回饋意見：從周遭的人那裡了解你給人的印象。

曾經擔任 Marks Paneth & Shron LLP 合夥人兼人力資源主任，現已退休的艾瑞克・馬克斯（Eric Marks），將下面的陳述當作自己多年來學到的重要教訓。他說：「當你在商業環境甚至個人環境中與他人互動時，你帶給他們的價值，要取決於他們的認知，而且你不一定知道他們從你所做的事情中看到了什麼，你不知道他們如何評估你正在做的事情。有時候，即使看似不重要的最簡單的事，也極其重要。」

他的評論呼應了一則古老的格言：我們是根據自己的意圖來評估自己，但其他人是根據我們的行為來評估我們。

想要真正了解你對他人的影響，你需要回饋意見。你需要為你的長期發展和當下狀態取得回饋。從長期來看，你需要知道自己的優勢在哪裡，又該在哪些方面學習，而這些學習的內容又可能是什麼。然後隨著你從經驗中學習，就會逐步達到目的。

為什麼很難得到回饋

所以，回饋對你的職業和個人成長都很重要，但卻不一定容易得到。有些專業人士從年度績效評估中獲得有用的回饋，但這往往是有問題的。因為評估過程每年帶給管理者一定程度的負擔，以及評估結果對員工的績效影響不大，管理者變得不喜歡評估過程。許多組織也開始發現，年度績效評估非常沒有成效，使得過去十年裡一個不斷增加的趨勢就是完全放棄這些績效評估。

即使在繼續採用年度考核的組織裡，它們的價值也往往令人懷疑。有時候老闆和其他人不願意提供任何接近負面的回饋，因為這麼做會讓他們感到不舒服。有些人則擔心批評會讓事情變得更糟而不是更好。研究人員的紀錄發現，當下屬是女性或少數族群時，上司避免提供負面回饋的趨勢特別明顯，即使這些回饋其實是正確的，而這也往往導致這些員工不完全相信收到的正面回饋。[1]

舉個例子，我們有一名非裔美國人受訪者就評論道：「許多時候，我發現的是人們對我身為一名女性和一名非裔美國女性的期望，遠遠低於我對自己的期望。如果我把他們的回饋當成『主管』意見，那就經常會低於我的能力……。回饋會是『太棒了！你做得很好，你做得很好。』但這是因為他們對我幾乎沒有期待。」如果這名女性只依靠年度績效評估的回饋，就不會被敦促要成長，也無法了解人們對她工作成果的真實看法。為了得到這些資訊，她必須主動尋找。

如果你需要的是更即時的回饋，也不能依賴年度績效評估。舉例來說，在即時的特定情況下，你可能需要知道別人如何接收你的評論，你是否被認為熱情或有能力、人們認為你是真誠還是虛偽，以及你是否會在焦慮時做一些奇怪的事而降低了你的效能等。

雖然你可以經常透過觀察你的任務成功來解釋回饋，好比你贏得了新客戶、試算表準時完成，或者你獲得了想要的晉升等，但為了你的學習和成長，你最需要的個人回饋往往不會那麼容易獲得。另外，對於許多最重要的成長都發生在公司之外的人而言，也根本沒有年度績效評估，他們的成長可能來自他們的個人關係、專業或公民組織，以及慈善或社區工作。

在這種種情況下，無論是在公司內部或者外部，社交禮貌規範往往會阻礙人們自發性地對你提供回饋。他們可能會注意到你行為的某個特色，或者特定表現可能對你有幫助，但他們擔心會傷到你的感情、言詞不當，或破壞他們與你的關係，所以通常不會告訴你。

最後一個，也可能是最棘手的問題，就是我們經常在自己需要回饋的時候卻沒有察覺，這代表我們最需要回饋意見的時候，可能就是我們沒有去追求的時候。

密西根大學社會心理學家大衛．鄧寧（David Dunning）在他對後來大家稱之為鄧寧－克魯格效應（Dunning-Kruger effect）的描述中記錄了這種行為，也就是技能低於平均水準的人會有高估自己能力的傾向。他們以為自己在各類別任務上的表現，比客觀資料顯示的更好。相較之下，技能高於平均水準的人，則傾向於（稍微）低估自己的能力，可能是因為謙遜、想要避免自滿的願望，或其他因素。[2]鄧寧指出：「其他人可能會告訴你一些小事，例如你的褲子拉鍊沒拉，或者你臉上有一塊汙漬等，但他們不會告訴你大事，因此你不會知道你不知道哪些事情。所以辦公室裡的那個混蛋不會受邀參加聚會，但他不知道自己沒有被邀請，也不知道自己被大家討厭，所以他也沒有機會改進。」

鄧寧和同事特別發現，人們更善於自我量測像準時這種明確的特徵，但卻不善於判斷較複雜的個人效能特徵，例如領導力技能或成熟度。[3]由於我們沒有意識到我們誤判了自己的技能程度，這種問題就屬於那種如果沒有外部幫助，就幾乎無法解決的「不知的不知」問題。畢竟，當你不知道自己不知道什麼的時候，甚至無法決定該問什麼問題。

鄧寧－克魯格效應讓我們難以使用回饋來彈性調整。畢竟，如果我們沒有發現自己有問題，就不會留意到回饋的線索，也不會尋求他人提供該如何解決問題的回饋意見。我們不知道我們不知道什麼，所以我們無法彈性以對，因為我們甚至沒有意識到彈性是需要或必要的。

對希望隨著時間經過而自我改善的人而言，無法尋求回饋可能產生嚴重的後果。推特的策略和企業發展副總裁瑟克森．蘇瑞耶帕（Seksom Suriyapa）將此視為他最重要的一個經驗教訓。他是這麼說的：「直到我職業生涯的後期，我才了解想在任何工作上真正取得成功，你必須時刻察覺你的利益相關者是誰，並不斷問他們：覺得你有效能嗎？你對你正在做的事情有效能嗎？」他很早就得出結論，要求回饋意見很重要，因為「如果你不問，就得不到回饋。」

尋求回饋的兩種策略

正如我們所看見的，有用的回饋可能不會自動出現。幸運的是，你可以採用一些策略來克服尋求回饋的困難。彈性系統提出了兩種尋求回饋的方法，一種方法是透過**詢問**的過程：正式、非正式、直接，有時間接地向人們尋求回饋，例如提出你想了解的話題，並希望與你交談的人傳達一些你可以當作回饋的訊息。

「詢問」這個方法很有吸引力，因為看起來很直接了當。紐約市很有代表性的市長郭德華（Ed Koch）就一直這麼做。他會站在群眾面前大聲喊著：「我做得怎麼樣？」而群眾通常也會對他喊著：「你做得很好！」郭德華在街上、地鐵或城市會議上遇到個別市民時，也會問同樣的問題，但有時候會得到不那麼討人喜歡的回答。在這兩種情況下，這種簡單的問與答技巧都有助於市長掌握關於市政政策的民意脈動。

雖然郭德華市長可能沒有從人群中尋求或收到準確的回饋，但他的行為確實顯示了一種開門見山獲得回饋的方式，那就是直接要求回饋。你可以問老闆你的演講表現如何、問下屬在特定會議上你的發言是否清晰，或者問同事你對一個兩人合作的計畫是否有貢獻。

或者你也可以更注意周遭人的言語或非言語行為和反應。**隱性回饋**（implicit feedback）一直都存在。我們可以在與他人交談時觀察面部表情，並從他人的行為中解讀訊息。舉例來說，如果我正在教一堂許多學生的課程，而在課程進行到一半時，有些人開始起身朝廁所走，我會把這個視為我已經講太久所以他們需要休息的回饋。在其他人對我們說的故事的反應、下屬間交換的眼神、你試圖說明某件事情時，別人的茫然表情以及肯定的點頭裡，都藏著回饋。

我那名擔心自己的熱情對其他人來說過於強烈的同事賈珍．達頓，在她說完話後教室裡一片寂靜時，開始留意到這個現象。在思考為什麼會發生這種情況時，她常常得出結論：「哦，天啊，我又做過頭了！」觀察這些線索通常可以帶給你足夠的資訊來指導你的行為，並做出更有效的改變。

在某些情況下，隱性回饋需要去**注意沒有發生的事情**，有點像著名的線索「狗在晚上沒有叫」（譯註：見福爾摩斯探案短篇故事《銀斑駒》〔*Silver Blaze*〕）。福爾摩斯利用這個觀察，幫助他解開了一個謎團。（有人在夜裡從馬廄偷走一匹珍貴的賽馬，但看門狗卻沒有吠叫，這個事實顯示罪犯不是陌生人，而是狗認識的人。最後發現馴馬師就是罪犯。）如果你的彈性目標是改進你的聆聽技能，那麼隱性回饋可能包括讓同事更願意與你討論他們遇到的問題、擔憂或意見分歧，或者觀察得更微妙一點，就是他們持續不願跟你討論這些事情。

你在先前章節中見過的高階主管教練卡琳．史塔瓦奇，她在嘗試成為一名更具存在感和影響力的組織顧問時，就使用了這兩種策略。她為客戶服務的部分內容，包括與滿房間的客戶員工一起工作，有時候她會邀請一名同事參加並提供回饋。「要有一個人認識了我一段時間，」史塔瓦奇說：「他算是知道我的長期觀點，而我很重視這一點。」

史塔瓦奇也會觀察隱性回饋，特別留意人們的情緒反應，以及他們似乎正在經歷的情緒。她會觀察人們是否「投入談話，或他們多少已經分神了」，她會「從內心感受能量的感覺，以及能量如何轉移」。她還會注意研討會參與者重複她所說內容的程度，並將其描述為最高形式的抬舉，「他們會提到某一件事，然後以新的方法重複或重做。」當這件事發生時，她這樣描述她的喜悅：「哦，他們那時候真的有在聽，而且他們接受了，並把它變成了自己的！」

這種透過詢問獲得的回饋，和透過觀察獲得的隱性回饋的結合，幫助史塔瓦奇判定自己是否做得正確，以及需要採取哪些不同的方式來實現目標。

我們在第二章介紹的商學院院長大衛・麥考倫，在與密友和同事交流時，使用了一個非常明確的系統來尋求回饋。這是麥考倫從威廉・托伯特（William R. Torbert）的著作《行動詢問：即時與有改造性的領導力祕密》（*Action Inquiry: The Secret of Timely and Transforming Leadership*，暫譯）中借用的一個叫做「演說的四個部分」的系統。[4]（托伯特恰好是麥考倫的朋友）麥考倫這樣描述這個系統：

> 不管是透過電子郵件，或者在會議或演講，我在每一次參與的溝通中，都會應用這四個部分。從建立框架開始，說明了我的背景，以及我認為我們需要達成什麼目標。第二部分則是宣導，也就是說出我的想法、感受、建議或計畫。第三部分是說明，在這個部分我會使用例子或具體例子來提出我的理論基礎。而第四部分也就是詢問，我會要求人們提供回饋意見。我會問：「我有沒有遺漏什麼？你對此有何看法？如果你要以不同的方法做這件事，你會怎麼做？」我經過

多年來學到的這種詢問的作法，對我來說非常有價值。當我以這種方法要求回饋意見時，我是在邀請我的朋友和同事幫助我學習和成長。普遍來說，人們對這個的反應相當積極，而結果對我們大家都是有利的。

回饋悖論和尋求回饋的其他障礙

因此，從表面上看，更頻繁地直接尋求回饋聽起來可能很容易，但在你提出要求後，想收到回饋才是難處所在。雖然回饋必不可少，但也可能讓人感到痛苦。以一位名叫艾希莉（Ashlyee）的年輕專業人士為例，她告訴我，當她知道自己正在為達成某項特定任務而苦苦掙扎時，她會刻意避免尋求回饋。「我不希望別人發現我知道我有麻煩了，」她說道：「這麼一來，我認為我就能爭取一些時間來解決問題。或者我也可以利用在其他方面表現出色，來彌補這個問題。」就連傲慢的郭德華，當他的支持度在民意調查中開始下滑後，也不再使用他註冊商標式的「我做得怎麼樣？」的呼喊口號了。

許多人的感覺和行為都和艾希莉與郭德華一樣。我們避免回饋，因為我們想保護脆弱的自我。我們避免回饋，暗自希望保持我們是唯一意識到自己不完美的人的錯覺。有時候我們避免，是因為擔心尋求回饋會讓自己顯得軟弱、沒有安全感，以及對自己沒有信心。套用一位年輕經理人的話：「我擔心尋求回饋會損害我身為權威人物的形象。」許多經驗豐富的高階主管也有同感。

但最後這個擔心，就是尋求回饋可能損害你的聲譽這點，基本上是沒有根據的。我們把它稱為**回饋悖論**（feedback fallacy）。在一項針對管理者的大規模研究中，參加研究的每個人都認為，尋求回饋的人是更有效能的管理者，這些人包括他們的上司、下屬和同事。當管理者表現出對負面回饋抱持開放態度時，這種正面影響尤其強烈。在另一項研究中，老闆會將在工作頭三個月尋求回饋的新進員工，評價為比不尋求回饋的人表現得更好。

因此雖然尋求回饋可能造成暫時的痛苦，但還是比不尋求更好，因為獲得回饋並從中學習，將幫助你成為更好的領導者和同事，也會幫助你讓大家以這種看法來對待你。

不過，尋求回饋還是有挑戰的。事實上，每種形式的回饋都伴隨著必須克服的問題。通過觀察而收集得到的隱性回饋的最大問題，就是錯誤解讀。透過肢體語言和其他微妙訊號傳遞的未說出口的訊息，很容易被誤解。我最喜歡的一個漫畫，畫著一名上司和下屬圍坐在一張會議桌旁。上司臉色陰沉，而漫畫裡員工頭上的想法泡泡，反映了他們對上司表情的不同解讀，有一個人想著：「他討厭我的想法。」另一個人則擔心：「我做錯了什麼？」第三個人則絕望地說：「我太老了，做不了這份工作！」與此同時，看一眼老闆頭上的想法泡泡，他真正在想的事情原來是：「嗯，看起來我們的鉛筆快用完了。」

我認為這種誤解太常見了。當我們對一場演講感到焦慮時，我們會注意並回應那些我們認為反映出對這場演講負面評估的行為和表達。相反的，當我們對這場演講感到滿意時，我們就會只注意到聽眾的肯定暗示。

我認識的一名顧問，敘述了他有一次主持一場整天研討會的經驗。在上午十點左右，他碰巧注意到他的主要客戶在看手錶。這名顧問推斷他的演說內容可能很無趣或者說得太慢，於是他開始放大他的手勢，並加快說話速度。

後來，客戶對顧問的行為突然轉變表示不解。「我之所以這麼做，是因為你看了手錶！」顧問回答道。

「哦，我只是想看看我是否還有時間，在不破壞午餐胃口的情況下吃一個貝果。」客戶解釋道。

所以，使用你的觀察來獲得回饋，顯然會伴隨著誤解的風險。不過，透過詢問來直接要求回饋也可能有同樣的風險，因為回應請求而提供的回饋不一定都是誠實或完整的。當牽涉到位階時，這個問題就特別嚴重。下屬通常認為需要跟上司說他們認為上司想聽的話。教會成員可能不願意對像牧師這種強大的權威人物，說出他們對週日布道內容的真實想法。上司也可能因為害怕損及下屬的動力或自信，而不願提供誠實的負面回饋。

最後，即使我們願意接受回饋，而且我們需要的回饋也公開而誠實地提供了，但這個訊息仍然不一定能順利傳達。人類的天性就是經常會拒絕接受他們收到的回饋，尤其是在大部分都是負面回饋的時候。

一項研究結果生動地說明了這一點。受試者被要求參加一項測試，測試他們的情緒智商程度。得分相對較低的人通常會有兩種反應，他們會說：「這個測試不準確。」或者：「反正情緒智商又不重要！」讓人驚訝之處在這裡，所有參與者其實都有機會購買一本大受推薦關於如何提高情緒智商的自助類書籍。而在得分高的人當中，有六五％的人買了這本書。但在得分較低的人，也就是大概最需要這本書裡提出的建議的人當中，卻只有二五％的人買了這本書。

顯然想要實現真正的成長，需要做的不僅僅是接受回饋。

克服尋求有效回饋的障礙

值得慶幸的是，你可以調整自己的方法，來解決大多數的人在回饋方面遇到的各種問題。讓我們從一些你可以用來讓監測隱性回饋更有效的策略開始。

你可以做的一件事就是直接承認你自己的問題、焦慮和成見影響了你的觀點。如果你擔心事情會如何發展，將會特別容易產生負面反應。如果你認為你「已經搞定了」，可能會完全錯過那些反應。只要承認這種偏見，就能幫助你更準確地解釋你所看到的事情。

你還可以考慮將監測策略與詢問策略相結合。當你透過觀察人們的反應來收集回饋時，試著直接詢問人們的看法，以檢視你認為自己看到的事以及你從中得出的結論是否正確，當作後續動作。研究顯示，這兩種策略對於釐清你需要做什麼，以及你哪裡可以做得更好，都是必要的。僅使用自己的觀察，而不尋求回饋，可能會導致推斷錯誤（誤判某些事），但如果只依賴詢問，而其他人只提供你他們認為你想聽的資訊，也可能會出問題。將兩者結合使用，可以提供更完整的畫面。[5]

尋找模式也是明智的。舉例來說，當我在授課時，如果有一個人看起來像是睡著了，這很可能只是個案。但如果很多人都看起來在睡覺，那可能就是因為我在那堂課表現得不好。這就是一個觀察模式的例子。

最後，你可以請其他人和你一起觀察。如果你擔心自己變成短話長說的人，並在主持會議時失去了效能，就請某個人來參加會議，並全程注意觀察這個問題。

還有一些方法可以讓你更有效地透過詢問來收集回饋。舉例來說，如果你刻意努力幫助與你交談的人，讓他更自在地給你回饋，你可能就會收到更有用和準確的資訊。我們訪問的一名領導者，描述了YouTube的一名高階主管在電子郵件簽名檔中添加一行文字：「我的表現如何？」當電子郵件收件人用滑鼠點擊這行字時，會彈出一個小的民意調查，邀請你進行匿名回饋。你可以隨意輸入任何內容，例如「我認為你在解釋公司策略這點做得很好，但我認為你在說服我這件事很重要這方面卻做得很糟糕。」這個電子郵件的簽名裝置很聰明，但更重要的是，它以沒有明確說出來的字眼，就告訴了所有收信者，發送這封電子郵件的主管真的希望得到回饋，不論是好是壞。

尋求回饋的方法和時間一定要考慮周到。一個很難實現的策略就是在公開會議上詢問一組人（而且要讓他們覺得誠實回答你的問題很舒服），相較之下，在私人談話中詢問一個人會較容易一點。後面這個環境可能會為你提供非常不同，而且更正確的反應。

還要考慮找一種匿名徵求回饋的方法，就像前面說的這名YouTube高階主管所做的那樣。已有越來越多的公司，為徵求匿名回饋提供支援。Kaizen等軟體公司正在開發工具，讓人們擁有自己尋求回饋意見的方式，並將其融入日常工作中。

Kaizen建立在一個信念之上，而這個信念正是彈性的力量的核心，那就是掌握專業成長的應該是個人，而不是組織。它開發了一個由你控制的應用軟體，將它連結到行事曆，就會讓你在會議、產品出貨或產品里程碑達到後，立即自動發送電子郵件尋求回饋。該應用程序可以用來衡量你實踐公司價值觀的程度，並將結果與人力資源部門分享。或者你也可以指定個人化的成長領域，並尋求只供自己使用的回饋。[6]

你表達回饋詢問的方式也會產生重大差異。如果你當面要求回饋，那你最好以一句自嘲的話或脆弱的表情開始，搭配適合你個性和風格的措辭。（對於某些人，幽默可能比較合適，而對另一些人，比較嚴肅的方式會讓人感覺更舒服，感覺也更真實。）這種開場方式能與對方充分溝通你對誠實回饋的開放態度，無論這些回饋是正面或者負面的。

你也可以試著應用尋求高階主管教練馬歇爾．葛史密斯（Marshall Goldsmith）所說的**前饋**（feedforward）來構建你的請求。這是關於你**如何能在未來做得更好的建議，而不是評估你過去做得如何**。例如，你可以跟一名同事告知你正在努力做到的事情，也許是做一個更好的傾聽者、引導出不同的意見，或者簡潔地回答問題等，然後詢問：「你會建議我試著做什麼，來幫助我達到這個目標？」

話題中談到未來的框架，可以降低談話中的批判感，可能有助於讓雙方都感到更舒適。

我們先前介紹過的那名大城市公立學校系統的財務分析師英葛蘭，喜歡用這種詢問方式來尋求回饋意見：「如果換成你處於我的位子，你會有什麼不同的作法？」他覺得這樣的措辭可以讓人們以不那麼直接的方式提供回饋，這會讓他們更願意回饋。另一名經理則決定將尋求回饋加入團隊日程表的例行作業。在每週一上午的員工會議上，她都會要求大家對她前一週的行為提出回饋。隨著時間過去，大家對於透過熟悉方式提供回饋這個作法變得不再敏感，這也讓他們更容易做到公開和誠實。

也許最重要的一點，就是要記住，在收集回饋時，維持你的學習心態。高階主管教練史塔瓦奇就發現，在學習心態已經成為她的習慣之後，她尋求回饋的效能已經提高許多。「我以前專注的是內在，」她說道：「我對自己施加了很大的壓力，我會問自己：『我接下來要說什麼？我該做什麼？我的講稿上寫了什麼？』現在我學會了將能量導引到外部，這代表我可以觀察和回應其他人的言行，而不是專注在我的內在。」

陳彬（Bing Chen）是一名創投高階主管，曾經參與打造價值數十億美元的 YouTube 創作者生態系統。他記得母親的教導，並對回饋保持積極心態：「如果人們給你建設性的回饋，這表示他們非常尊重你，希望你變得更好。如果他們停止給你回饋意見，你才應該擔心，因為這往往表示他們不再關心你了。」

你越能保持史塔瓦奇和陳彬展現出來的那種學習心態，就越能對他人的見解保持開放和專注的態度。布芮尼．布朗（Brené Brown）將此描述為從「證明和完美」走向「延伸和學習」的轉變。你越能實現和保持這種轉變，就越能受益和學習。[7]

促進尋求回饋的文化

尋求回饋是一種社會活動。它牽涉到兩個或更多人之間的互動，因此也不可避免地反映了發生這種互動的組織文化，包括溝通模式、權力關係和其他規範。如果你在一個很少或甚至不鼓勵尋求回饋的組織中工作，你將很難讓其他人自在地提供和接受回饋。

相對的，一個促進、鼓勵和獎勵回饋的組織，會是一個將學習和成長變成習慣的組織。一名高階主管這樣描述這種組織的氛圍：

當然，你會做很多全方位的評論，從與你共事的各層級的人那裡，得到關於你表現的評論，這些都是有幫助的。但它們都遠不如建立一種文化，讓你的同事、董事會成員和上司都覺得可以即時完全自在地對你提出回饋來得更有幫助。在這種企業文化中，當你召開會議，而討論內容偏離主題時，他們甚至不會等待會議結束。他們會立即向你投去一個眼神，告訴你：「嘿，你把會議搞砸了！」這會讓你有機會立即解決問題。

我在本書前言介紹的領導者瑪姬．貝勒斯相當幸運。她共同創建且現在帶領的公司的文化非常支持回饋過程，貝勒斯和她的團隊成員很樂意公開談論工作中發生的事情，彼此提供建議、支持，必要時還會提出建設性的批評。

在貝勒斯接管公司管理權後的幾個月裡，她充分利用這個現有文化來啟動她需要的成長。她安排與許多了解她的工作風格，並且可以評估她的強項和短處的人一起參加回饋會議，包括合夥人小組的其他成員，以及向她報告的工作人員。在某些情況下，她會**問一些開放式問題**，尋求各種關於她可以如何提高個人效能和領導力技巧的回饋，例如：「我能做些什麼，來幫助你把工作做得更好？」在其他情況下，她的問題會集中在具體的彈性目標或挑戰上，例如：「在昨天的會議裡，我說的話似乎讓討論終止了。我當時可以說些什麼不同的話，讓你感覺更舒服，可以讓我們更容易繼續談話？」請注意貝勒斯問題的性質，她並沒有問：「我讓你不舒服了嗎？」這個問題可以用簡單的是或不是來回答。相反的，她問了一個開放式的問題，「我當時可以說些什麼不同的話？」這讓對方更深入地思考，且分享更多他們的印象。

貝勒斯願意提問像這樣的問題，而且她的團隊成員將回饋視為職場生活自然的一部分，這兩件事都大幅增強了她學習所需的開放交流精神。

如果你和貝勒斯一樣，是傳統上就擁有尋求回饋文化的組織一員，那麼你是幸運的。可惜的是，我們許多人都沒這麼幸運。不過，心懷善意的人有可能改變一個群體的文化，以實現更多的回饋交流。舉例來說，在一個組織中，高層主管可以仿效郭德華，真誠地詢問周遭的人自己做得好不好，**以鼓勵打造回饋文化**。戴爾科技公司的創辦人兼執行長麥可・戴爾（Michael Dell）就是這樣的管理者。他經常徵求客戶和員工的回饋，並因此而聞名。他的公司還建立了一項「告訴戴爾」調查，要求員工每六個月對主管提供一次回饋意見。當公司的負責人、教堂的首席牧師，或者一個非營利組織的董事，會像戴爾這樣尋求回饋時，就會對底下的人產生影響。隨著組織高階主管尋求回饋的行為開始影響中階主管，一種心理上的安全感就開始滲透到組織中，這是一種共享而有默契的信念，認為人際關係的冒險是允許的，而且會得到回報，這也會影響各級員工尋求更多回饋。

公司還可以藉著擴大對員工的培訓和教育來鼓勵尋求回饋。尋求回饋是一種會越來越強化的現象，研究顯示，認為自己已經具備做好工作所需全部能力的人，更可能尋求他人的回饋意見，而那些懷疑自己能力的人，也就是可能最需要回饋意見的人，反而更不願意尋求回饋。[8]因此，管理者提供員工的技能越多，以及他們對員工能力的信心越強，這些員工就會越願意尋求回饋，而未來也就越可能成長。

除了提高員工的一般技能程度之外，管理者通常也需要**訓練員工如何提供和接受回饋**。我們在前面章節裡遇到的希望實驗室前任策略和文化副總裁克里斯・莫奇森，當然發現這一點是成立的。他認為他這個小型且任務導向的非營利組織，擁有強大的組織文化，因此員工在提供和接受回饋方面不會有任何問題。但是他錯了。相反的，他發現組織成員是一家人的感覺，反而加劇了與回饋相關的恐懼和焦慮。從某種意義上說，他們都太好了，以至於不能彼此坦誠相待！

為了解決這個問題，莫奇森嘗試了各種實驗，來提高希望實驗室的人彼此坦誠對話的能力。首先，他為員工提供了多個群體機會，讓他們誠實反省自己在回饋的提供和接受方面的個人經驗，包括回饋進展順利和不順利的經驗。他接著繼續成立非強迫的非正式學習聚會，讓員工可以從中了解更多各種專業演講來賓，談論關於回饋的各種觀點和實務，其中包括我討論彈性的力量。他鼓勵每一個員工寫一份學習計畫，反省個人的優勢和成長領域。這個計畫包括一個從經理和其他人那裡尋求回饋的過程，以確定員工最重要的成長目標。

除了這些步驟之外，莫奇森還致力提高主管與直接下屬會議的品質，並為員工提供參加跳層級會議的機會，讓他們老闆的老闆也可以參與員工的學習。

最後一步，莫奇森請來了道格拉斯・史東（Douglas Stone）和席拉・西恩（Sheila Heen），這兩位哈佛大學法學院教授聯合撰寫了《謝謝你的指教：哈佛溝通專家教你轉化負面意見，成就更好的自己》（*Thanks for the Feedback: The Science and Art of Receiving Feedback Well*）一書，莫奇森邀請他們兩位出席一場全體員工都參加的學習度假會議（retreat，譯註：通常會到風景優美的地方，進行和日常作業無關的訓練），以進一步提高員工的回饋技能。[9]

你可能不會選擇像莫奇森那麼全力的打造回饋文化。但是莫奇森嘗試的各種策略，確實為任何想要推動其組織文化朝這個方向發展的人，提供了一些很棒的想法。

如果你不是公司的執行長，只是一個影響力有限的中階管理者，也可以在較小的範圍內運用一些相同的技術。你可以逐漸將你的部門轉變成尋求回饋文化的一個樣本，甚至可能開始影響組織的其他部門。

一旦你讓尋求回饋成為組織生活的一部分，組織的各級員工都會開始從中受益。

麗莎·道威（Lisa Dawe）是達維塔公司（DaVita）一名剛開始嶄露頭角的經理，該公司是一家為腎病和慢性腎衰竭患者提供透析服務的醫療保健公司。道威和與她同級別的其他幾位經理，獲邀與公司高階主管一起參加一個度假會議。讓她驚訝的是，在第一天的晚餐後，這些有潛力的初階管理人員就被分成幾個小組，並被要求準備一個案例，於次日對高階管理層做簡報。當道威和她的團隊做簡報時，遭到其中一位高階主管的嚴厲批評。道威做出反擊，為他們的工作辯護。

那天稍晚，另一位高階主管提出回饋，認為她行為不當，讓道威感到意外且不快。根據這位高階主管的說法，道威應該傾聽、接受回饋，並避免為團隊辯護。

道威有點錯愕。她犯了什麼嚴重的錯誤嗎？她是否沒有通過意外測試？她有加入「大聯盟」的能力嗎？

道威本來可能會在度假會議剩餘的時間裡停下來舔傷口。但她決定尋求其他人對她行為的回饋。在接下來的幾天裡，她找到機會與幾名高階主管交談。她描述了自己對發生的事情的想法，並詢問他們對她的行為的看法，以及她應該採取哪些不同作法的建議。她收到許多回饋，也得到了其他人的理解，這些回饋包括「你知道這一路上會有顛簸」、「不必擔心」，和「這是下次你可能該考慮的一件事」。一次痛苦和尷尬的事件，轉變成了一次學習經驗。

一年後，道威獲得了晉升，時間比她預期的要早得多。在祝賀她時，有幾位高階主管都提到了那次會議，和她對爭議的處理方式。她展示了在公司生活的最高層次上，學習處理逆境所需技能的能力。[10]

尋求回饋不只是對有志成為管理者的人很重要。對於已經達到公司階級頂端的領導者來說，可能同樣有價值。

我最近邀請一名備受尊敬的執行長，向羅斯商學院的四百五十名 MBA 新生演講。他的演講很精彩，但他做了一件我在他之前及之後的其他演講者從未做過的事，他發了電子郵件給我，要求對他的表現提供回饋。

我對這名執行長的演講提供了一些一般性的反應，大部分都是正面的。但我也確實提出了一些負面意見，包括指出大多數在頂級商學院學習的 MBA 學生，並不特別希望在演講開始的時候，這麼明確而頻繁地提起競爭學校的 MBA 課程。（這名執行長在演講中多次提到哈佛大學商學院。）

這名執行長立即回了信，感謝我提供的回饋，並承認在演講中一再提到哈佛大學是個錯誤。然後他提出的結論讓我吃驚：「我把信件副本轉傳給公司的其他高階主管，他們會幫助我確認將來做到這些改變！我也告訴了我的孩子，讓他們知道我增加了一些價值，但還有很大的改進空間。」

我是說，真的，哪個執行長會這麼做，跟他的同事和孩子分享他收到的回饋意見？

但最後也是最大的驚喜還在後頭。這名執行長後來在那一年裡，對其他幾所學校的 MBA 學生發表了演說。在那年年底，他寫信告訴我，根據我提供的回饋，他的演說得到了改進，還向我保證他一次都沒有再提起哈佛大學商學院！

現在你可能很好奇，這位如此重視回饋力量的執行長究竟是誰。他的名字是肯特·西里（Kent Thiry），當時他是達維塔公司的執行長，該公司就是道威獲得晉升的腎臟保健公司，部分原因就是她願意透過回饋的益處來學習和成長。

西里顯然在達維塔公司創造了一種尋求回饋的企業文化，部分原因要歸功於從上而下的熱情支持和鼓勵。

無論你從事什麼樣的工作，或隸屬於什麼樣的組織，都有一些利益相關者，他們的支持對你很重要。尋求回饋是有效管理利益相關者並獲得需要資訊的最佳方法。獲得回饋可能很棘手，有時候也很痛苦，但它帶來的報酬卻是非常明顯的。隨著你將彈性的力量運用到你的工作和生活經驗中時，來自他人的回饋將幫助你確認哪些實驗有效、哪些無效、未來該致力於哪裡，以及你該如何才能繼續成長和學習得最好。

Chapter

06

從經驗中汲取意義

為長期利益做系統化的反思

當我在羅斯商學院擔任資深副院長時，偶爾會接到我們的官方產業組織國際商管學院促進協會（Association to Advance Collegiate Schools of Business, AACSB）的邀請，參與審查其他學校的課程計畫，這是他們取得或更新協會認證的內容。

我有一次將這項邀請轉發給我們會計系的主任和該系一名教員。我知道這些人很忙碌，所以我在提出要求的同時發了一封電子郵件說明：「請審視一下X大學的這個科系。不必花太多時間，這不是很重要，我只需要一些評論。」

我們強大的會計系主任回覆了一封電子郵件，內容簡短、憤慨且令人打開了眼界：「蘇，當有人拜託你做某件事，然後又告訴你這不重要時，這很令人沮喪！此外，有鑑於目前正發生的會計醜聞，要求會計師去查核某件事，又告訴他們別在這件事上花費時間，是令人反感的。」

我大吃一驚。對於一名教員來說，以勃然大怒的態度回應一個院長的請求，當然不是典型的作法。

我深感震驚，於是停下手邊的工作，省思究竟發生了什麼事，我在其中又扮演了什麼角色，以及應該從中汲取什麼教訓。

這對我來說是不尋常的步驟，因為我的日子和大多數主管一樣充滿了專業需求，而我的夜晚和週末則都花在三個孩子和丈夫身上，他們都需要我的關注。我對自己說，我沒有時間去反思。但對真正想從自己的經驗中學習的人而言，反思是非常重要的過程。

我們的經驗提供了很多值得思考的事情。我們最重要的關於我們是誰、擅長什麼以及重視什麼的重點，來自於生活中的巨大危機，包括重大轉變、嚴重的挫敗或者讓人擔憂的災難。其他時候，重大的教訓來自於像我遇到的這種瞬間或短暫的事件。但在這兩種情況下，它們都只會透過深思熟慮，思考所發生的事情及其對你的意義，才能學會教訓得到收穫。這就是為什麼**系統化的反思**，是彈性的力量的第六步。

透過系統化的反思，潛在學習者可以檢視經驗並綜合出重點精華，以供未來使用。當你進行反思時，你需要回顧發生的事情，並考慮下列問題：**「我是否朝著當前的彈性目標取得了進展？為什麼有進展，或者為什麼沒有進展？」「我收到或觀察到了什麼回饋？我該如何看待這些回饋？」「我是否需要在下次經驗中，持續努力達成這個目標，也許是參與新穎且不同的實驗，還是我是否應該設定新的目標，來掌握下一個最需要學習的技能？」**它之所以是系統化的，是因為像這樣的問題，會讓你檢查目前的處境，和你在這個處境裡行為的許多不同層面。

這些問題可以帶來新的見解和學習。然而，雖然反思很有價值，但對大多數人而言，反思並不會自然或自動產生，我自己的例子就明顯做了示範。

如果沒有系統化的反思，經驗只會白白流逝，導致極少甚至根本就沒有學習成果。我將在本章稍後，回頭提起我與會計系主任的這段經驗。但首先讓我們想一想，為什麼很多人會覺得進行系統化的反思很有挑戰性。

我們不願意反思

可惜的是，大多數的人都會迴避系統化的反思。當他們需要反思時，傾向於拖延或不理會。事實上，研究顯示，人們往往不喜歡反思，甚至害怕反思。大多數的人似乎覺得，花時間獨自想著自己的想法和感受是不舒服的。事實上，有些人認為，許多人口頭抱怨的忙碌，在某種程度上是一種無意識的策略，目的就是用來避免花時間反思。

這種趨勢非常普遍，著名的領導力學者和監督組織共同志業（Common Cause）創辦人約翰・W・加德納（John W. Gardner）表示：「人類總是利用大量精巧的手段來逃避自己。」[1] 加德納繼續舉出許多人們使用的干擾，用來避免探索他所謂的「內在可怕但美妙的世界」，並得出結論：「到了中年，我們大多數的人都是成功的自我逃亡者。」

加德納說對了。雖然我們可以呼應蘇格拉底的名言，指出未經審視的生活是不值得的，但現代人似乎更喜歡行動，而不是反思。我們從一件事匆忙奔往另一件事，還說服自己世界就是需要我們這麼做。將管理人員描述為在解決問題、救火和危機管理方面維持狂熱速度的研究，顯示了這種模式。他們認為，很遺憾的，反思就是一件沒有時間去做的事。引述詩人和組織思想家大衛・懷特（David Whyte）的話來說：「速度已經成為我們的核心競爭力，我們的核心身分。」懷特指出，結果就是我們「遠離了我們的痛苦和弱點」，但這些痛苦和弱點，可能正是成長的主要源頭。[2]

傑瑞・科隆納（Jerry Colonna）是一名高階主管教練，也是《讓你的脆弱，成就你的強大：重整創業路上的情緒包袱，成為更堅韌的領導者》（*Reboot: Leadership and the Art of Growing Up*）一書的作者，也觀察到同樣的現象。匆忙奔波對我們許多人來說，已經成為一種習慣，它深深扎根在我們的自我形象中。正如科隆納所說的：「成功和金錢，以及更重要的創造這兩者所需的忙碌，已經成為我身為一個人的價值證明。」[3]

科學也證實了人們普遍不願意反思。有一項研究對一組參與者提出這個詢問：你願意獨自花十五分鐘思考你的想法和感受，還是接受九伏特電池的電擊？有六七%的男性和五四%的女性選擇讓自己接受電擊，而不要獨自思考。平均而言，人們寧願選擇接受三次電擊，而不願選擇接受一次獨自反思。有一個人甚至讓自己接受了一百九十次電擊！這個人真的很不喜歡與他的思想和感情獨處！

在最近的另一項研究中，參與者被要求執行一項任務，該任務需要某種策略，還牽涉到好幾輪活動。在第一輪活動後，參與者獲得一個選擇，他們可以花一些可自由支配的時間來練習這項任務，或者反思他們做了什麼，並檢查哪些部分有用、哪些無效。結果非常清楚，參與者選擇練習的機率，是選擇反思的四倍多。不知為何，加倍努力似乎比停下來仔細思考問題更具吸引力和實用性。

我們訪問過的許多深思熟慮的人和商業領袖，都在自己和同事身上觀察到了同樣的模式。我們在第三章提過的安娜堡知名食品公司辛格曼公司的創辦人兼執行長阿力．威茲維格評論道：「商業界沒有人會說：『我們從不思考我們做了什麼，我們就只是繼續前進。』但我們就在這麼做。我們就是沒有受過反思的訓練。」同樣的，資深企業家蜜雪兒．克朗姆（Michelle Crumm）告訴我們：「反思需要時間，人們慣於往前衝，忘記了反思就是為了更好而必須做的一件事。」威茲維格經常引用二十世紀哲學家羅洛．梅（Rollo May）的話，這句話可能是說得最好的：「人類在迷路時跑得更快，這真是一個很諷刺的習慣。」[4]

我們先前見過的獲獎學者珍・達頓，在她的整個職業生涯中，也注意到同樣的傾向。逃避防止了她對於自己身為兩個女兒不稱職的母親這件事感到焦慮。她是這麼說的：「我讓自己很忙，我不想在白天感受到這種痛苦。這個痛苦很巨大，我會意識到自己對於沒能陪伴她們而感到的深切遺憾、羞恥和悲傷。」直到她退休後，達頓才真正反思並面對這個痛苦，並採取一些措施，更投入照顧女兒及陪伴她們。達頓將生命中的這個新篇章，視為「與過去的未能成長和解」，並尋求某種補救的機會。

和達頓一樣，許多人都將反思延後，直到生活面臨轉捩點才會開始。研究人員亞當・奧特（Adam Alter）和海爾・赫斯菲爾德（Hal Hershfeld）發現，人們在自己人生新的十年開始的前一年，例如在五十歲生日的前一年，更可能審視自己的生命，去尋找意義，並採取更多尋找意義的行為。這種「新起點效應」（fresh-start effect）的顯著證據，就是在首次參加馬拉松的跑者中，年齡個位數是九的人所占的比例比其他尾數高出四八％！[5]

無論你何時進行，反思都是一種強有力的作法。本章的目標就是要說服你更經常反思。

反思的回報

克朗姆說得對，反思是學習的重要組成部分。我們在前面提到，參與者傾向於額外練習的機率是選擇反思的四倍的那個研究，另外還發現，選擇反思的參與者的表現，優於選擇額外練習的參與者。顯然，在反思過程中發生了一些提高後續表現的事情。

在發展複雜的個人技能時，反思特別有價值，這些技能也是彈性系統的焦點。這是一個完全由你控制的極佳工具，只要投入時間和精力反思，就可以開始收穫它所帶來的好處。

實驗研究再一次證實了這種模式。一組專家使用經驗抽樣方法，研究六種情緒調節策略。他們發現，反思是其中一種較有效的策略，與正面情緒的增加有關，尤其對女性更有效。[6]

在另一項研究中，一批剛入學的 MBA 學生被要求，在第一年經歷一系列目的在於幫助他們培養領導力的經驗。他們還以小組形式聚在一起討論這些經驗。這些小組中的半數被要求使用特定範本，系統化地反思自己的經驗，而另外一半小組則只被要求簡單討論自己這一年的經驗。在第一年結束時，經過培訓的觀察者進行評定後，認為系統化反思小組中的個人，比非正式討論小組中的個人，表現出更好的領導力和更多的領導力潛能。當公司來校園招聘學生實習時，反思組的學生獲得的實習機會多出九％，而且起薪也高出一〇％。[7] 顯然，反思幫助這些學生不僅更懂得領導，還更懂得敘述在計畫中學到了什麼。

我們對羅斯商學院 MBA 學生抽樣，進行七週團體諮詢計畫後，得到了類似的正面結果。在這樣的小組中，經常引起爭議的一個問題就是，誰來領導，誰要跟隨，因為沒有指定的老闆，所有學生都是同儕。為了了解反思是否能讓個人成為更好的領導者，我們在這七週諮詢期的中間點，詢問他們對四個主題的反思程度：團隊追求的目標、他們使用的方法、他們與團隊的個人關係，以及他們如何影響正在發生的事情。當我們在諮詢計畫結束，再度與這些學生顧問聯繫時，我們發現，在期中報告很投入這種系統化反思的學生，更可能被隊友視為領導者。反思讓他們得以評估團隊在做什麼、可能需要什麼，以及他們如何以最佳方式滿足這些需要。

小說家和散文家阿道斯．赫胥黎（Aldous Huxley）有句名言：「經驗不是發生在你身上的事，而是你如何處理發生在你身上的事。」[8] 反思你的經驗可以讓「發生在你身上的事」，成為學習和成長的泉源。

為反思架構時間

美國軍方採用架構最嚴密的一種反思形式，就是**事後審查**。在每次行動、演習、任務或出動之後，小組和單位的成員會聚在一起，系統化地討論哪些事情有效、哪些無效。討論過程堅持透明和誠實，高階官員被預期要討論他們發布的命令是否構思不周或計畫不周。數十年從事後審查中學到的經驗，是美國軍事領導人以管理世上最重要的學習組織而自豪的主要原因。

雖然我們大多數的人永遠不會這麼嚴謹，但可以更系統化地反思我們的日常經驗。進行系統化反思的方法有很多種，經驗豐富的領導者經常使用其中的幾種方法，一切取決於他們的生活和工作的架構，以及他們的思維方式。

保留固定的時間，來思考和評估一天中的成功和失敗。

一種方法是採用我們鼓勵羅斯商學院 MBA 學生使用的作法，追蹤工作中重要或讓人困惑的經驗，並花一些時間系統化地反思發生的事情。這可以增強你對自己和所面臨的挑戰的了解，以及你將自己的這些了解與他人溝通的能力。對於持續時間較長的經驗，例如一段麻煩的關係、一項具有挑戰性的工作指派、一個特殊的計畫或一個複雜的任務等，在事件進行時同時反思也很有價值。

在你的日常行事曆中建立一個簡短但有規律的**反思時間**，就像你可能會試著保留時間做運動一樣，這是讓反思成為一種熟悉習慣的理想方式。戴安娜・特倫布利（Diana Tremblay）擁有近四十年的製造業經驗，曾任通用汽車全球業務服務副總裁。她利用每天一小時的通勤時間，思考她所謂的「今天的好與壞」。我們在第三章討論過的金融科技新創公司執行長安德斯・瓊斯也指出，他最常在早上洗澡時進行反思。這個過程通常會產生好的見解，但他已經學會了不要對別人說：「我今天早上洗澡的時候在想著你！」

高階主管教練卡琳・史塔瓦奇在經歷了特定經驗後會創造一個空間，讓自己思考剛剛發生的事情。她的反思練習通常從演講結束後離開房間時所做的快速能量檢查開始：「我會解讀我的身體和思想，然後問一些問題，例如『我感覺如何？我是不是太緊繃了？我真的很興奮嗎？我輕鬆嗎？我平靜嗎？今天的課程讓我有什麼感覺？』」

雖然不像研究中測試的反思那麼系統化，但這些在經驗後提出問題的優點，就是快速，而且專注於她的學習目標，比過去的教學更有活力。她的反思作法直接、積極和接近愉快的特性，與彈性的力量非常一致。這種先嘗試某件事，然後在再次嘗試或嘗試其他新事件之前，先思考這次事件如何進行的過程，就是彈性的核心和力量。你的發展掌握在你的手中，你可以一直嘗試新事物，然後檢視你可以從中學到什麼，用以改善你行為的某些層面。

還值得注意的是，在她的日常反思中，史塔瓦奇特別注意她的極端情緒。如果她感到非常興奮，這會給她一個線索，表示發生了她特別熱衷的事情。她會利用這種情緒來激發更進一步的反思，詢問自己當時發生了什麼狀況。「我要追根究柢找出答案，」史塔瓦奇說：「因為對我來說，這是一個剛剛浮現的想法的核心。」

相對而言，如果史塔瓦奇演講完畢走出房間時感到疲倦，這就表示剛才這場經驗中的某些事情，對她來說是困難的或具有挑戰性的。她接著就會反思這種感覺的成因和影響：「是剛才談話中的我，還是房間裡的什麼地方出了錯？剛才有沒有什麼我可以做，好來轉換或改變氣氛的地方？」像這樣的反思經常為史塔瓦奇提供一些見解，讓她可以用來改善下一場演講。

國防部的資訊科技專業人士梅根・弗曼也描述了與史塔瓦奇類似的長期過程。但當她發現了彈性的力量時，她決定把自己的進步改為更關注在自己設定的學習目標。換句話說，她決定將她的反思問題從「剛才的情況進行得如何？」轉為「在剛才的情況下，我為自己設定的目標取得了多少進步？」你問自己的具體問題，將取決於你追求的學習目標、你正在進行的實驗性質，以及你致力發展的洞察力。重點是你要投入時間和精力，回顧你的經驗，並檢視它們能教你什麼。

你可以寫日誌、筆記或日記，記錄一天發生的事情，以及你對這些事情的知識和情緒反應。

許多人發現，將他們對當天經歷的想法、感受和反應寫下來，是一種特別有價值的反思方式。

希社·梅羅特拉（Shishir Mehrotra）是一名走在成功快車道上的矽谷企業家。年僅三十九歲的他，已經將自己在數學和工程方面的專業訓練，應用在全世界幾家最大且最具創新性的大型數位企業的主管職務上。最近他更利用自己的知識、創造力和人脈，創辦了新的軟體公司，最初的產品已經在業界引起轟動。梅羅特拉也是系統化反思的熱情實踐者，他開發了許多他自己很喜歡使用的反思工具和技術。其中梅羅特拉喜歡的一種方法就是寫他所謂的**反思日誌**，用來掌握他正在努力解決的挑戰或問題的想法。

「我經常在度假或商務旅行搭乘飛機時寫日記，」梅羅特拉說：「我會想起一些一直困擾我的事情，例如『我總是帶著一種不舒服的感覺離開會議』，或者『我每天早上醒來都感到有壓力，因為我昨晚睡覺時，電子信箱裡塞滿了還沒回覆的訊息』。我一旦找出了問題，就開始隨手記下關於它的反應、想法和觀察結果。許多時候，解決方案的嫩芽就開始以這種方式出現。通常不是在我寫下它的第一天，而是在幾天或幾週之後。這就是我喜歡隨身攜帶反思日誌的一個原因，這樣我就可以在有幾分鐘空檔的時候，回到日誌中學習。」

辛格曼公司的執行長威茲維格已經寫了三十多年的日誌。他每天早上花二十到三十分鐘，寫下自己想到的事情，他發現如果他跳過早上寫日誌這件事，會讓他一整天都覺得不對勁。「我寧願早一點起床，讓我有時間寫，」他說：「因為這會讓我的一天變得更好。我並不做冥想，但對我來說，寫日誌跟冥想一樣，就像是為心靈做瑜伽。」威茲維格也很欣賞日誌的簡單性：「成本非常低，基本上為零。你只需要紙和筆，或者手機和拇指。」

密西根大學學務長勞拉・布萊克・瓊斯（Laura Blake Jones）說，雖然她不會每天寫日記，但自己「用筆和紙，以文字來思考」時，可以產生最好的反思。因此，她維持著一組寫下來的目標，搭配她在生活和工作中正在做的事，並在有長途飛行計畫時，把它拿出來檢視。沒有電話或電子郵件需要回覆，她利用這段安靜的休息時間，回顧自己的目標、反思自己的進步，並為自己寫下提醒。這種定期進行書面反思的作法，補充了瓊斯在週日晚上的固定習慣，她通常會回顧前一週的經驗，並問自己：「我沒有接觸哪些領域，下週又會發生什麼事？」

史考特・布朗（Scott Brown）在軍中和政府單位任職後，擔任一家智庫的負責人，他也一直寫著他稱為「決策日誌」的日記，這讓他得以針對更長的時間進行反思。在這本日記中，布朗記載了他所做的選擇及背後的原因。日記讓他可以回顧六個月的紀錄，檢視他做決定的理由，並進行反思：「事後來看，我做出了正確的選擇嗎？我的假設正確嗎？我的決策過程是否恰當？」

對於這些專業人士而言，無論是簡短或延伸的、正式或非正式的、頻繁或零星的，反思最好透過某種書寫形式進行。但書寫並不是反思的唯一方式。

與朋友、導師、教練或支持小組，就你的彈性實驗安排定期而有目的的對話。

有些人比較喜歡以人際互動方式處理經驗，不喜歡獨自進行。當問到他們如何從經驗中學習時，達頓立即回答：「我經常和朋友一起反思。」她代表許多參與你可能稱為**人與人之間的反思**（person-to-person reflection）的人，也就是與他人討論他們正在學習或努力掌握的技能。

在反思行為上讓第二個人參與，可以創造一種責任感、強迫更深的參與感，可以為反思過程注入活力。一名叫做湯米．懷德拉（Tommy Wydra）的年輕專業人士，在讓他周遭整個金融專業團隊都參與彈性的力量時，最後建立了這種責任感。

懷德拉對密西根大學醫學院金融發展計畫的同儕解釋了彈性概念，而他們立即發現了它的潛在價值。也很快發現他們需要所謂的「**責任夥伴**」（accountability partners），以確保他們在練習彈性的過程中能堅持到底，尤其是在反思方面。就如同懷德拉所說的：「無論我多麼想自己完成這件事，工作日的忙碌行程都可能會妨礙我。因此，當我在行程表上預訂了時間，要向夥伴匯報時，我就知道我真的需要騰出一些時間，來思考我那些不同實驗的進行狀況，以及我在哪裡可能想用不同的方式處理。」

馬歇爾．葛史密斯這名傑出的高階主管教練，就使用不同的技巧進行人與人之間的反思。在每晚通電話時，他會請一名朋友問他一連串他之前為自己寫好的問題。接著葛史密斯也會問這個朋友一連串由他的朋友為自己寫好的問題。這個簡單的過程讓雙方都專注於他們想要成長的生活領域。它還引入了一些為了應付這些挑戰而形成的責任感。

如果你覺得每晚打電話這個想法有點誇張，那就想想如何改良這個想法，以搭配你自己的生活方式，也許是每週與同事或配偶聊聊。羅斯商學院將這個想法融入其 EMBA 課程中，每個月為學生保留十分鐘，讓他們與一名夥伴見面，並相互詢問對方選擇的反思問題。目標就是讓學生在應付繁重的MBA課程之餘，還要專注在個人的發展。更別說還有他們的家庭生活、管理職務、社區活動和其他承諾了。

把你學到的東西教給別人。

企業家梅羅特拉說：「每當有人邀請我發表演講或參與訪談時，我總會試著同意，因為我發現，被迫討論我正在做的事，並加以解釋時，總能教會我一些新的東西。我也發現，在課堂上教授一些我學到的知識，是反思我的知識、加深我的理解，以及發展新見解的好方法。這就是為什麼我在我的公司打造了一個系統，讓我們的團隊成員輪流教導新進員工新人訓練計畫的部分內容。透過讓每個人擔任該訓練計畫不同部分的講師，我得以確信我們所有人都清晰且準確地了解公司運作的細節。沒有比教導他人更好的持續學習方法了。」

如你所見，有許多方法可以讓反思成為日常生活的一部分。嘗試不同的反思方式，直到找到一種適合你的方法，並根據生活中的改變需求而自由調整。

最重要的是，如果你真的想持續進行反思，你就需要建立一個可以使用及支持它的結構。例如，史考特．布朗就建議，當你要安排一些重要活動，例如一場重要的演講或會議、一場困難的對話或專案啟動的時候，你也該安排時間對這項活動進行反思。這樣的習慣能幫助你克服人類避免反思而無法享受反思帶來的好處的傾向。

反思的最佳練習

為了了解你的學習目標的進展

在一個重要的經驗發生之後，考慮這三組問題：

1. **發生了什麼事，結果如何？**
   a. 記錄現場的攝影機會捕捉到這其中的哪一部分？而根據我的偏見和焦慮，我又添加了什麼？
   b. 我有沒有嘗試過，我為了要在這個目標取得進展而概述的任何實驗？
      i. 如果沒有，為什麼沒有？
      ii. 是什麼阻礙了我？（考慮情境障礙和內在障礙，例如恐懼、焦慮或自我。）
   c. 我是否如我的意圖在這種情況下尋求回饋，無論是透過觀察反應，或直接向他人尋求回饋意見？
      i. 如果沒有，為什麼沒有？
      ii. 如果有，針對我在達成目標方面，回饋指出了什麼？
   d. 這次經驗為我造成了哪些正面與負面的結果？為其他人造成了哪些正面與負面的結果？

2. **為什麼事情會這樣發展？**
   a. 我以何種方式（正面或負面）促成了所發生的事情？

3. **我從這次經驗汲取了什麼教訓？**
   a. 我最重要的收穫是什麼？

b. 對於這樣的情況，我能學到什麼？

c. 關於我的學習目標，我的結論是什麼？

i. 我還需要進步。我應該把它做為未來經驗的重點嗎？

ii. 我對這個目標感到更堅定。我是否應該換另一個目標？

反思的主題

正如我們所看到的，反思可以透過多種方式進行，例如透過內在反思、透過個人書寫或日誌、透過有目的的對話，或者透過把你學到的教訓教給他人。但有時候最大的挑戰不是想清楚該如何反思，而是決定該反思什麼。以下是我們採訪過的商業專業人士提出的一些有用建議。我們再次鼓勵你嘗試這些方法中的每一種，以發現最適合你的方法。

分析特定經驗的細節

一個良好的事後反思指南包括三個步驟：弄清楚到底發生了什麼事、考慮原因，以及從中汲取教訓。無論經歷的是好事還是壞事，例如工作上令人不安的挫折、意外的機會，或讓人困惑的誤解，在你經歷了重要的事件時，這個過程會很有用。

第一個步驟挑戰你將實際發生的事情（例如可能由攝影機拍下來的過程），與你的個人感知區分開來，因為焦慮、欲望或扭曲的心態，可能讓你產生偏見。在彈性的情境下，你可能想問自己這樣的問題：「我有沒有嘗試過，我為了要在這個個人目標上取得進展，而概述的任何實驗？如果沒有，為什麼沒有？我有沒有向其他人尋求回饋？如果沒有，為什麼沒有？如果有，這些回饋又告訴了我什麼？而這又為我和其他人造成哪些正面和負面的結果？」

第二個步驟則是透過問例如下列問題，來檢視因果關係：「為什麼事情會這樣發展？你在這次事件中扮演了什麼角色？還有哪些因素影響了所發生的事情？例如社會或商業環境，扮演了什麼角色？透過其他人的行為？透過資源的可取得還是缺乏？」

最後一個步驟則是讓你思考從經驗中得到的收穫。關於你自己或像這樣的情況，你學到了什麼？這個步驟還應該包括，在當前學習目標的情境下來考慮事件。你取得了什麼進展？你是否應該為即將到來的體驗保留這個目標，還是應該轉向一個新的學習目標？這次經驗中發生的事情，是否暗示了一個新的學習目標？[9]

這三個步驟組成的反思過程，可以幫助你充分利用可能隱藏在特定經驗中的潛在成長。

反思生活中的正面事物

我們在上一章討論過的艾瑞克．馬克斯，有二十多年的高階管理經驗。他利用早上開車上班的時間來反思一個非常具體的議題，那就是思考和說出他人生中的幸事。目標是從更大的角度看待他目前的工作情況，這讓他可以看見，無論他正在經歷的變革有多麼困難，在他所因應的情況中還是有很多好事。有意識地專注於狀況與經驗中的正面因素，可以為後續行動建立樂觀情緒和效能。

一名連續創業的工程師蓋文．尼爾森（Gavin Nielsen），也會在一天開始時專注於他特別感激的事情。這可能是一個連結或成功的時刻、是他的創造力特別得到展現，或者是他在工作中感到快樂的時刻。他接著反思有哪裡進展得不太順利、他感到後悔的時候、他希望自己做了不同事情的時候，以及他妨礙了自己的時候。尼爾森利用一天中剩下來的時間，並設定一個有關他接下來想要如何採取不同行動的意圖，來結束他的反思。尼爾森的反思每天只需十五分鐘，但處理的層面卻很廣泛！

密西根大學桑格領導力研究所（Sanger Leadership Institute）的新負責人琳蒂．葛瑞爾，在她的系統化反思練習中，也涵蓋了廣泛的內容。它很容易記住，因為它是根據英文字母中的六個母音而命名：A、E、I、O、U和Y。每一個字母都代表著你一天中的某件重要的事。A是你戒掉（Abstain）了什麼？尤其是一些讓人麻木或不健康的東西，例如無腦的電視節目、社交媒體或飲酒過量。E是運動（Exercise）。I則是你自己（I）：你今天有沒有為自己做什麼事情？O是其他人（Others）：你有沒有為別人做什麼事情？U是你可能感受到的未表達（Unexpressed）的情緒：你今天給這些情緒命名了嗎？而Y則是肯定（Yes）：讓你感到興奮的事物。[10]

一項研究專注於聚焦反思作法的潛在影響，這個研究要求參與的領導者每天要反思「三件事」，例如「指出你擅長並讓你成為優秀領導者的三件事」，或者「說出三件你很自豪且讓你在工作上表現良好的個人成就」。研究發現，每天進行反思的領導者精力更充沛、對他人的影響更大，在工作中也更有影響力。[11] 這種廣泛且固定形式的反思，可以幫助你確認，你對當天有完整的理解，即使是只需要幾分鐘就能完成的簡短又容易的練習。

跨出自我的限制

除了表達自己的感恩，馬克斯還會採用一個有時候被稱為**後設認知**（metacognition，譯註：指對自己認知的覺察）的程序。這會牽涉到跨出自己的限制、審視自己的情況，並以彷彿相關的人不是你自己，而是別人那樣去反思情況。馬克斯解釋，當他處理一個棘手的決策時，這個技巧很有幫助：

「我有時候想到兩個相互競爭的想法時，就會讓自己扮演兩個不同的角色。我會讓自己的這兩方互相交談，就好像我在與自己就當前情況進行談判一樣。」

後設認知技巧讓人想起心理學家伊森．克洛斯（Ethan Kross）所做的研究，他稱之為**心理距離**（psychological distancing）。克洛斯觀察到，人們往往無法在負面情況下進行有效反思，因為他們過度情緒化地沉浸在自己的經驗中，因此無法客觀理解。克洛斯測試了一種簡單技巧的效果，這個技巧就是轉移一個人的制高點視角，也就是採用第三人稱進行反思，例如自問：「蘇應該在這種情況中學會什麼？」而不是：「我應該在這種情況中學會什麼？」克洛斯發現，這種維持距離的技巧，可以幫助人們以降低沮喪和負面情緒的方法重新架構負面情境。它還可以幫助你學到更多，而且變得更有韌性。[12]

我們在第一章討論過的傑夫．帕克斯，找到了一種不同的方式來達成相似的心理距離，那就是跑步。在跑步時思考一個棘手的問題，他就能跳出當時的情緒，從一個更廣泛、更不主觀，而且更具創造性的從外向內看的視角，來看待自己的處境。

與痛苦時刻搏鬥

有時候，想在不陷入負面反芻的情況下進行反思，可能是一個挑戰。這其實很自然，畢竟，最常引發反思，以及反思可能獲得最大報酬的經驗，多數都是會引發焦慮和其他負面情緒的經驗。美國國家科學基金會（National Science Foundation, NSF）國際部實驗室營運主任羅伯．赫爾曼（Rob Herman）將這些事件稱為「值得畏縮的時刻」，也就是產生複雜而痛苦情緒組合的記憶，會讓這些經驗難以檢視。我在本章開頭所描述的經歷，當時會計系主任因為我向他要求幫助的方式而斥責我，就是這種時刻的一個例子。

我們很容易陷入重溫這種情況時的痛苦而停止學習和成長，讓自我責難接管思緒。克洛斯用第三人稱來談論自己的心理距離技巧，可以幫助你避免這種沒有益處的反芻。

心態很重要

在第二章中，我們探討了學習心態的重要性和價值。同樣的心態也可以幫助你進行更有效且更有力的反思。舉例來說，研究顯示，具有學習心態的人會在與學習相關的大腦體驗到增強的神經活動，這還可以預測他們從回饋意見中獲益的程度。

你感受任何可能被視為失敗經驗的心態尤其重要。一項研究發現，最近在工作中沒有獲得升遷的人，往往會有兩種不同的反應。有些人陷入了嫉妒和不公平的感覺之中，他們的思想被局限在現在的狀態，換言之，他們接受了一種固定的心態，聚焦於「我就是這樣」。研究人員發現，這種思維方式助長了悲觀主義和防禦性，而這又會讓他們不太可能成長。正如研究人員所說：「如果人們只會責備無法控制的外部原因，就真的什麼也做不了，什麼也學不到了。」

相較之下，另一些沒能獲得升職的人，以能產生長期利益的方式來反思自己的經驗。關鍵在於構建一個**成長故事**（growth- based story），描述他們如何學到一些關於自己的新事物，而這些新事物可以幫助他們在未來的職業生涯中茁壯成長。根據研究人員的說法：「如果他們對自己說：『我在這裡頭發揮了一些作用』，或者：『我本來可以不這麼做的』，那他們就已經準備開始學習了。」[13] 在這個情境中，學習心態幫助他們擺脫對能力的迷戀（我表現得夠了嗎？我是不是比其他人表現得更好？）而專注於如何變得更好，並讓他們看到更多可以採用的手段（例如尋找導師的可能性、要求更多時間，以及尋找獲得他人幫助的方法等）。[14]

這項研究的教訓是，當經驗帶來的體驗變糟時，結果是毀滅性的，你感覺彷彿一段重要的關係或你的職業生涯岌岌可危，此時要敞開心扉接受你可以從中學到的東西，尤其是要探索你自己在發生的事情中所扮演的角色。這很痛苦，但也是最重要的學習。

如果你責怪別人，或發現自己做出的結論是這個結果是由你無法控制的因素造成的，那就真的沒有什麼可做，也沒有什麼可學了。

有一名成功的電視台記者，我姑且稱他為約翰．彼得斯（John Peters），他就利用對生命痛苦時刻的反思來幫助他發展和建立學習心態。

他回憶自己剛出道時以新電視記者的身分參加試鏡，結果在模擬新聞報導中碰到了意外事件：他的耳機裡突然傳來一個突發新聞，那是來自半個地球之外的事件，一架飛機在伊朗上空被擊落了。由於彼得斯沒有做好應對的準備，因此在這難受的幾秒鐘愣住了。但這個反應已經足以讓製作人得出結論，認為他還沒有準備好擔任直播工作。他離開試鏡時感到很氣餒，並且懷疑自己能否在電視新聞行業有所成就。

但隨著時間經過，彼得斯把自己這個讓人沮喪的時刻，變成了成長的跳板。「我保留著這個時刻，我一直記著它，並且確認自己能從中學到一些東西。」他說。最大的教訓是什麼呢？「我以前認為你只有一次機會，而那一次機會可以造就或者摧毀你。但如果你讓自己放鬆一些，處理問題，然後繼續前進，就可以朝著積極的方向前進。」如今，彼得斯已經是美國一座大城市中一家主要電視台的新聞主播，並獲得多項獎項，包括艾美獎的傑出重要新聞播報獎。

深入了解你的過去

反思往往會變得非常個人化，特別是當你試圖發展關於你的情商、自信和自我意識，以及你與他人的關係等複雜的個人效能技能時。

前美國外交服務專業人士麥可．維特胡恩（Michael Witthuhn）就發現，自己將大部分反思時間都花在回顧上，試圖了解自己童年的經歷，如何塑造了自己成年後的身分和個性。瓊斯的目標是擺脫他早年經歷過或沒有經歷過的事情。

和維特胡恩一樣，我們都受到年幼時發生在我們身上的事件的影響。我們通常在察覺之前，就從這些經驗中汲取了人生教訓。我們可以把這些教訓視為，直接寫進了我們的「硬碟」，並以看不見的方式影響著我們也往往沒有察覺的行為和反應模式。而我們在後來的生活中學到的教訓，例如在大學期間或在工作生涯中，則可以被認為是在形成我們的「軟體」。它們同樣也有影響力，但我們可以更自覺地使用它們，因此更可以被改變。

花一些時間了解我們的「硬體」，可以幫助我們更能控制自己的情緒、了解我們行為的根源，並讓我們以清晰、客觀和深思熟慮的態度處理困難情況，這會讓事情更容易處理，結果也會大幅提高我們的個人效能。

維特胡恩投入的反思方式可能很困難，既耗時間，有時候還可能很痛苦。如果你發現自己開始使用這種「深入研究」自己早期生活的方式，那麼專業顧問的建議和指導或許會很有幫助。

我與我們會計系強勢主任的痛苦互動，就促使我進行了一些此類的反思。當我思考為什麼我會以一種無效甚至疏遠的方式尋求他的幫助時，我發現我的行為可以追溯到我的童年。我來自一個八口之家，從我成年人的角度來看，我可以了解我的父母完全被他們所承擔的巨大責任壓得喘不過氣來。當時我當然並不完全了解這一點，不過我們六個小孩很早就憑直覺了解，最好不要經常打擾父母。

我不願意開口求助的這個特質，一直持續到了今天。例如，有一次我在車庫裡爸爸的工作檯上做一個小計畫，他碰巧走出來，並提出願意幫我。我還記得處在那種情況下讓我感到非常焦慮，並試圖快速完成工作，讓它看起來不那麼重要，如此一來，我爸爸就不會覺得有義務要花時間幫助我。顯然我已經學會了一種強大的生存技能：不要對別人要求太多。但如果必須提出要求，就盡量把要求降至最低。

不知不覺中，這個教訓從小就寫進了我的個人硬碟裡。現在成年後，它更是傷害著我的領導能力。如果我要求人們做一些事情，同時卻又告訴他們，我要求他們做的事情並不重要，那我永遠都無法成為一個偉大的激勵者！

這個例子還顯示，有時候最小的經驗，卻可以產生最大的理解。很久以前我與父親一次持續了只有約二十分鐘的互動，卻在這麼多年後，讓我真正了解了我的行為及其帶來的影響。

反思可以幫助你意識到並驅除這些「過去的幽靈」。我偶爾還是會發現，自己正在盡量減少對別人的要求，但現在我通常會意識到自己在這麼做，並且可以立即修正這些要求。

關於學習，有一個古老的觀點，一般認為是中國哲學家孔子的觀點：「我們可以透過三種方法習得智慧：第一，透過反思，這是最高尚的，第二，透過模仿，這是最容易的，第三，經驗，這是最痛苦的。」[15]正如我們所見，反思自己的經歷可以是一種強大的方式，能將日常生活中潛在的「痛苦」果實轉化為「高尚」的洞察力，並幫助你在未來成為更有效能的專業人士和領導者。

但是，系統化的反思在情感上可能很有挑戰性。正如加德納觀察到我們是如何用轉移注意力的方式來填滿生活，反思能讓我們接觸到新的思維方式，以及有時候可能難以接受的自我意識程度。

如果你把定期反思當作日常生活的一部分，你會逐漸發現伴隨著不熟悉的感知而來的輕微不適感，就是學習和成長正在發生的跡象，而你最後會開始歡迎它。

有力的反思

除了幫助你達成學習目標，當作彈性的力量的一部分之外，反思也能提升整體幸福感。以下是你可以考慮的另外兩種基於研究結果的反思練習。

在工作中增加活力

在一天結束時，或在你工作處於特別低谷時，選擇以下五個提示之一，並花點時間在腦海中想像並專注於它：

1. 你喜歡自己的三件讓你成為一個好的ＸＸＸ的事（可以是任何事）
2. 讓你成為一名優秀ＸＸＸ的三項寶貴技能
3. 讓你成為一名優秀ＸＸＸ的三個你擁有的有用特質
4. 讓你成為一名優秀ＸＸＸ的三個讓你自豪的個人成就
5. 讓你成為一個好的ＸＸＸ的三件你擅長的事（可以是任何事）

在研究報告中，上面提示裡的ＸＸＸ是領導者，但對你來說，ＸＸＸ就是你現在擔任的角色，無論是會計師、母親、醫生、兄弟姐妹、社運人士還是朋友。選擇一個角色，然後寫下三個句子來描述這「三件事」是什麼、為什麼你喜歡它們，以及為什麼它們能讓你在工作中表現得更好。研究顯示，採用這種日常表達寫作練習的人，在工作上精力更充沛、參與度更高，並且在被他人評估時有更大的影響力。[16]

提升你的幸福感

用五到十分鐘的時間，寫下你一天中進行得非常順利的三件事，以及它們為何如此順利。這些可以是小事（「今天的甜點吃到了我最喜歡的冰淇淋」）或大事（「今天研究經費下來了」）。它們可以是發生在工作、家庭、朋友或社區中的好事。

在清單上的每一個正面事件旁邊，回答以下問題：「為什麼會發生這樣的好事？」任何答案都可以接受。舉例來說，有人吃到了最喜歡的冰淇淋，可能會這麼寫：「因為有一位同事考慮得很周到，幫我買了它」，或者「因為我鼓足了勇氣，向小組說出我真正想要的東西」。研究經費為什麼會通過？你可能會相信「老天爺在照顧我」或者「因為我很努力，工作表現很好」。寫下你生活中的正面事件為什麼會發生的原因，可以幫助你更全面地看到生活中的美好。

研究顯示，一連幾個晚上投入這項活動，可減少壓力，並增進健康和幸福指數。[17]

Chapter

07 管理情緒以強化學習

傑森・哈特曼（Jason Hartman）是一家知名消費性包裝產品公司的資深高階主管，負責公司一個主要部門的生產力和獲利能力。他的工作時間很長，要不斷處理多個創始方案，還要應付業務壓力，這些壓力經常讓他和他的團隊意見相左，方向不同。

這或許說明了為什麼他會養成在業務會議上用筆敲桌子的習慣。

哈特曼本人從未發現自己有這個習慣，直到公司要求他會見的高階主管教練對他指出這件事。似乎是哈特曼團隊的一些成員特別提到，他用筆敲桌子是他們學會注意的一個警告信號。當會議沒有朝著哈特曼想要的方向進行時，如果會議桌上的其他人不同意他的意見、不理會他的評論，或者選擇一條他不贊成的路時，他就會變得越來越沮喪和不安。用筆敲桌子就是第一個洩漏他心事的訊號。如果會議情況繼續惡化，哈特曼的筆敲桌子的聲音有可能會變為諷刺言語，甚至演變為拳頭砸在桌上，到這種時候，會議實質上等於解散了。

在團隊會議上，哈特曼的焦慮情緒使他成為一個沒有效能的領導者，有時候甚至是一個破壞性的領導者。當他的指導教練指出他如何破壞了他參加的會議的有效性時，哈特曼真的感到很驚訝。他和他的教練專門進行了一些課程，來解決這個問題。漸漸的，哈特曼開始養成習慣，注意他的情緒反應和這些反應的肢體表現。當會議讓他心煩意亂時，他學會了注意自己的外露跡象：「哦，我在敲我的筆。我一定感到很沮喪。」這個認知讓他得以採取一些行動以彈性因應他的挫折感，作法就是選擇能幫助而不是阻礙哈特曼學習和成長的方式。

哈特曼的挑戰並不罕見。瑪姬·貝勒斯有時候也會受自己情緒的影響。和許多思慮周延的專業人士一樣，貝勒斯為自己在工作時設定了目標，那就是她如何與其他人互動的目標。但是當她面對強烈的情緒時，這些目標往往會被拋到窗外，她發現自己會用罵人來發洩情緒，或者她的憤怒會以周遭的人都注意到的方式洩露出去。如果人們認為有可能激怒她，就會開始迴避分享他們的真實意見，因此她經常得不到完成工作所需的資訊。她也會對自己在重要同事面前的行為感到內疚。她知道有些事情必須改變：她必須找到方法，在某些會引發強烈情緒的情況下控制一下自己。

和貝勒斯一樣，我們都想相信自己完全是合乎理性和邏輯的。但事實是，我們極為情緒化，有時候甚至是非理性的生物，有時候我們強烈的情緒還會破壞我們的學習和成長計畫。但這些情緒也可能是一個重要的訊號，告訴我們學習是必要的，而且也是快樂和養分的來源。

當情緒成為障礙

從經驗中學習不適合膽小的人。許多最可能讓你學會教訓的經驗，都牽涉到高風險的挑戰、個人能見度，以及做出艱難的個人和職業改變的需要。在這種情況下，學習幾乎不可避免地會伴隨著強烈的情緒。風險、不確定性、脆弱以及衝突等情況都可能出現，並引發例如焦慮、自我懷疑、防禦性和恐懼等情緒。當你解決問題的努力偏離軌道時，更強烈的情緒就會隨之而來，例如沮喪和憤怒。

因此，當你從經驗中學習，並利用彈性的力量大膽走出舒適圈時，情緒很可能會成為學習的最大障礙。有時候你會身體僵硬、頭痛、口乾舌燥、手心出汗、呼吸加速，還可能因為腎上腺素分泌而臉紅，這些都是破壞性情緒在起作用的跡象。另外有些時候，你可能會感到消沉、無聊、與世隔絕、沮喪，或者「就是無法投入」，然後整天死氣沉沉。雖然不那麼誇張，但這些反應也可能是破壞性情緒的跡象。當這種情況發生時，你可能很難專注在從實驗中學習。不過，這些情緒也很有價值，值得研究。**情緒不只是需要處理或壓制的「問題」，也是「這裡有些事情可以學習」的信號**。如果你能準備好了解這些跡象，那麼了解自己為什麼會有這種感覺，也可以成為做出改變的重要刺激因素。

然而，許多人從來都不知道這些好處，因為他們用壓抑情緒的方法來因應負面情緒，也就是努力對抗或忽視這些感覺。可惜的是，這種處理不想要的情緒的策略，有許多負面的副作用。壓抑情緒可能讓你感覺被困住，要努力控制自己的情緒，而不是接受或重新詮釋它們。壓抑通常也無法讓情緒順利不向外爆發。與哈特曼和貝勒斯一起工作的人知道他們什麼時候不高興，他們根本無需開口。哈特曼的同事知道當筆開始敲打桌面時，他們就要低頭找掩護了！當痛苦的情緒持續存在時，壓抑只會對你的工作表現造成負面影響。沒有管理的情緒也會導致誤解和關係受損，更進一步削弱你在工作、家庭或社區中提高效能的能力。

如果不去檢視，這些情緒可能以其他方式破壞我們學習的努力。有時候你甚至不願意在某個領域形成改進的意圖，因為你對自己是否能在這個領域做得更好這件事感到焦慮。在這種情況下，忽視這個問題有可能讓人在情緒上感到更安全，但這種策略就幾乎不可能得到學習了。因此，情緒會讓你連開始練習彈性的力量都變得困難。

情緒也可能阻礙你從反思中學習的努力。請記住反思牽涉到三種思考方式，像錄影機捕捉畫面那樣了解情況、了解你對情況的假設以及你描述的故事，以及考慮可能改變情況的反事實（counterfactuals，譯註：假設一種與事實相反的可能性）。這是一件需要清醒腦袋的複雜心理活動。你越是被情緒干擾，這種想法就越難形成，也就越不能沿著這些思路做有效的反思。

我們在實驗過程中收到的回饋也可能引發強烈的情緒。我們可能會得到相互衝突，或者我們不了解的回饋，這些回饋可能引發困惑和挫折感，或者我們有可能因得到負面回饋而產生苦惱、痛苦和憤怒的感受。像這種強烈的感覺可能完全支配我們的思想，讓人很難從回饋中得到任何有用的教訓。正如我們從哈特曼和他的同事身上看到的，如果不處理，也會對我們的關係造成損害。

對某些人來說，控制情緒並不困難。通用汽車長期高階主管黛安娜・特倫布利（Diana Trembley）就指出，在麥布二氏人格類型指標（Myers-Briggs Type Indicator）的人格項目中，她在「思考」方面的得分遠高於「感覺」的得分，因此情緒通常不會妨礙她處理狀況和經驗。相似的，GoDaddy的前產品長史蒂芬・歐德里奇（Steven Aldrich）說自己是堅忍的人，他將自己能夠在無論周遭發生什麼事都可以抵抗感覺過度興奮或沮喪的能力，歸功於他在當運動員時學到的情感訓練，「我學會了用基本上相似的情緒反應，來處理好消息和壞消息。」他說。

特倫布利和歐德里奇比較算是例外而不是常態。大多數人的反應更像貝勒斯和哈特曼，有時候會有強烈的情緒，如果處理不當，就會中斷他們要做的事情而沒有進展。

問題在於一旦我們感受到強烈的情緒，無論是憤怒、內疚、傷害、恐懼還是憤怒，大腦中讓我們與其他哺乳類動物不同的思考部分，就會被一種更原始的戰鬥／逃跑／僵持反應取代。我們想反擊，我們感覺很迫切地想告訴對方他們怎麼誤解我們了，或者他們的想法是如何錯了，我們試圖擺脫這種情況，或者我們會留下來，但是我們僵住了，我們在情感上封閉自己，並停止人際交流。如果不解決，問題往往會變得更糟。我們會對於與那個人互動或進入那種情況感到焦慮。我們會透過避免、延遲，或採取其他策略來因應這種焦慮，以避免再次體驗這種強烈的情緒。對方可能對此一無所知，但會感到困惑，並經常被我們帶情緒化的反應所傷害。[1]

在你成長計畫的每一步，很重要的一件事就是，不要忽視或小看內心產生的情緒。這些情緒無論是正面還是負面的，都可能向你傳送關於你需要解決的問題的寶貴訊息。舉例來說，焦慮、不安全感或恐懼感可能反映了一個事實，就是你正面臨一種或多種真正的改變和成長的風險，例如可能遭受批評，或為負面結果負責。誠實地思考這些風險、訂定計畫來降低風險，並決定是否願意接受無法消除的風險，這是職場成長的必要步驟，你可能需要不止一次採取這些步驟。正如著名心理學家馬斯洛所說的：「人們可以選擇回到安全的方向，或者選擇向前成長。必須一次又一次地選擇成長，也必須一次又一次地克服恐懼。」

所以情緒是一把雙刃劍。雖然發現自己的情緒，並誠實處理它們有助於提高績效，但強烈的情緒反應也會妨礙學習。這種模糊性讓情緒管理成為一個需要深入分析的棘手問題。

在情緒控制你之前，管理好自己的情緒

想要應用彈性，同時從經驗中學到更多的人，需要學習情緒管理的技巧。管理好你的情緒，可以讓你對真正發生的情況維持開放心態，並從中汲取重要且正確的教訓。

情緒管理意味著你既要調節特定情緒，包括提高或降低憤怒、興奮、恐懼、焦慮或任何其他妨礙

你學習和成長的情緒，同時也要控制心理學家所說的**非特定情緒**（nonspecific emotion），這些很像一般人說的情緒或壓力程度。過度的情緒，無論是非常負面的情緒、更具體的憤怒，或者過量的像是興奮這種正面情緒，都可能妨礙特定經驗給我們上的一課。你越能調節這些情緒，就越能得到最大的收穫。

心理學家一直在深入研究這個議題。他們已經協助定義了許多策略，讓你可以用來影響你的情緒、情緒出現的時機、如何體驗情緒，以及如何表達情緒。讓我們在開始討論情緒控制體驗之前，你可以用來管理情緒的一些策略。

情境選擇：「別走到那一步。」

在這個策略中，你選擇遠離那些會引起你想避免的特定強烈情緒，例如憤怒和焦慮等的情況。透過仔細挑選你會面臨的環境，就能調節自己在一天、一週或一個月期間所體驗的情緒。

將情境選擇與彈性的力量結合使用有一個很大的缺點，既然工作中最能教會我們個人效能或領導力的經驗往往牽涉到強烈情緒，那麼想要避免這些情況和經驗往往是不明智的，因為這裡就是學習發生的地方！

此外，即使你想選擇退出，許多經驗仍然是不可避免的。有時候，誘發情緒活動的壓力源就是你工作的固有部分。在生活中，你也經常會有一些無法避免的承諾和問題需要解決。

不過，你仍然可以在練習彈性的力量時，運用一下情境選擇。假設你想改善一項不可避免會牽涉到應付強烈情緒的特定個人技能，例如當你與同事發生分歧時還能夠大膽勇敢地說話。既然知道你很難控制恐懼和焦慮等情緒，你可能要設計一個實驗計畫，刻意限制你練習新技能的情境次數。你可能選擇不要在大部分的工作情況下，例如在討論日常和相對不重要問題的會議中，測試與同事正面衝突的能力。相反的，你要把實驗限制在一或兩種迫切需要這項新技能的情境，也許是在處理例如工作場所道德規範等關鍵問題的委員會中。

透過這種方法，你可以避免在整週工作日都陷入可能誘發情緒的情境，而把這種時刻限制在少數你可以事先在心理上做好準備的特定場合。

情境修改：「改變劇本。」

第二種策略是改變你面臨的情況，以避免特定情緒發作。我在大學院長的角色中練習情境修改。我有一個直屬部下，我姑且稱他為哈維，他讓我失望不已。他不聽話、愛發牢騷，而且似乎總是把注意力放在事物的陰暗面。每次和哈維開完會後，我都會感到沮喪、精疲力盡，甚至有點鬱悶，而且我相信我表現出來了。這不是我和團隊成員在一起時想要的感覺。

我決定透過情境修改來避免這些情緒，方法是告訴我的助手，避免安排我在週一與哈維開會。不知為什麼，哈維那天的行事風格就是特別容易放大我的負面情緒反應。簡單修正一下我們之間的相處條件，讓我更能好好地應付哈維，也讓我一週中的那五天工作日明顯變得更愉快。

你有很多方法去使用情境修改策略，來讓情緒緊張的活動不那麼難熬。舉例來說，假設你正要與公司、教會或社區中的其他人開一場特別重要的會議，或者需要與孩子進行困難的談話。你可能希望避免在這場會議前的一個小時，與傾向於消極、苛刻或隱約對人態度輕蔑的人見面。透過調整環繞著你重要經驗的情緒情境，你將更容易準備好維持對彈性非常重要的學習心態，讓你對這個情境能提供的任何回饋意見保持開放心態，並進行更系統化的反思。

我們之前討論過的推特高階主管蘇瑞耶帕，就使用情境修改來管理與他的高壓角色相關的情緒。「我不會把整天的行程表排得很緊，」蘇瑞耶帕說道：「相反的，我盡量把一天中沒有排計畫的時間空出來，這給了我一個壓力釋放的出口。」

當你對於哪些情況會讓你「失控」，以及哪些情況又會相反的讓你感到很容易維持冷靜與理性有深刻的了解時，就更能得心應手地善用情境修改策略。假設你被要求針對一個重要計畫的結果對同事提出一份最後報告，而這是一個你連想起來都覺得壓力很大的任務，如果你是一個優秀的演說者，就可以提議進行當面的口頭報告。但如果這不是你的強項，你可以要求以書面形式提出，這樣就可以限縮你當面回答同事具體問題的時間。

注意力重新部署：「往好的方面看。」

有時候，你沒有能力改變情境以避免激烈的情緒。幸運的是，有一件事你可以控制，那就是你的注意力，你可以利用這種力量來控制情緒對你的影響。

舉例來說，如果你發現有一名同事很消極，甚至懷著惡意，你可以使用注意力重新部署策略來減輕他對你的影響。在開會時，只將注意力非常短暫地放在他身上，但把更多注意力集中在會議室裡其他比較正面的人。此外，當你這個讓人不愉快的同事做了什麼特別讓人發怒的事情時，不要在心裡糾結這件事，把注意力轉移到他做的其他不會引起負面情緒的事情上。「沒錯，我討厭提姆表現得像他必須證明自己是會議室裡最聰明的人，」你或許這麼對自己說著：「但至少他總是會記得帶甜甜圈來參加我們的會議，而且那很好吃！」透過重新集中注意力，你就控制了自己的情緒。

這個策略也解釋了許多父母如何在孩子青少年時期倖存下來，他們的方式就是不要把注意力集中在孩子做的那些讓人討厭且對立的事情上，而是集中在他們可親可愛的行為上。

我們採訪過的幾位領導者就將注意力重新部署在更廣泛的範圍，努力將注意力集中在生活中正面的事情上，也就是讓他們感激的事情。凱瑟琳・克雷格（Kathleen Craig）是HT行動軟體（HT Mobile Apps）的創辦人兼執行長，這是一家為全美銀行提供服務的創新金融科技公司，她經歷不少個不眠之夜，擔心她的直屬部下人數不斷增加，他們的生活和生計都要靠她。為了因應這樣的夜晚，克雷格說：「我總是回到正面思考。我總是回到感恩的心態和對未來的正面願景。」有幾項心理學研究證實了克雷格的作法，這些研究展示了感恩反思的力量。[2]

珍・達頓描述了她如何使用一種將情境修改與注意力重新部署結合的策略，以因應她對一次重要的線上演講的焦慮。在演講當天，她利用幾個幫助自己維持正面態度的小方法，修改了自己的情境，例如配戴「特別」的耳環和穿著一件「我媽媽最喜歡的藍色」高領毛衣，還把孫子的照片放在筆記型電腦旁邊，這樣她在演講時就能看到他們。「我讓自己置身於能喚起正面情緒的事物中，」達頓解釋道：「它們也真的幫助了我，它們讓我快樂，即使我有一份壓力很大的任務要完成。」

注意力部署可以成為管理情緒的強大工具。但是在一種情況下，你不該練習注意力部署。在經歷一次重大失敗後，你可能會想要忽略它產生的負面情緒，而將注意力集中在其他地方。不過，研究卻顯示這是一個錯誤。實驗經濟學家已經證實，在任務失敗後被要求專注負面情緒的研究參與者，在接下來的任務中會投入多出二五％的精力，也因此提高了未來的表現。但請注意，這個結果只有在未來的任務有些相似時才成立。所以如果你在某項特定工作失敗，而你知道你將會再次面對此類工作時，就請注意你所感受到的痛苦。正如一些作者所說：「如果你專注於自己的感覺有多糟，就可能會更努力，以確保不再犯同樣的錯誤。」[3]當然，如果你將注意力集中在負面方向並進行反芻，那麼這麼做的正面影響反而會消失，而其他更負面的影響就會出現。[4] 我們的目標是檢查和了解你的失敗，但在某種程度上，會給你帶來一種在未來做得更好的效能感。

認知再評估：情緒產生後的管理

我們到目前為止所考慮的策略，可以幫助你在情緒爆發之前就先預防和控制。但是如果你已經被一波強烈的情感衝擊到時，又該怎麼辦呢？

一個一致的研究發現，在過程中更早而不是更晚應用，情緒調節策略就可能更容易也更成功。換句話說，在困難的情緒打擊你之前處理它們，會比事後才處理要有效得多。

儘管如此，有時候我們別無選擇，只能在情緒淹沒我們之後才管理情緒。其中最有效的因應方式是心理學家所謂的**認知再評估**（cognitive reappraisal）。這種策略利用了人類「講述」（story）事物意義的能力。我們都是意義的創造者。我們一直都在講故事：就像錄影機會錄影，我們也會把意義加到事實中。舉例來說，一台錄影機可能捕捉到一名上司對下屬說：「你明天不必來參加會議。」有些下屬可能會想：「太好了，我可以去完成其他工作。」而有些人可能會想：「他不重視我的想法」，或者：「他渴望權力，想把我排除在外」。這些附加的「故事」，驅使我們產生各種不同的情緒。此外，每當我們經歷強烈的情緒時，我們有與生俱來的需要，想了解這個情況以及這對我們的影響。我們在選擇講述的故事中所賦予的意義有可能是正確的，也就是正確代表了實際發生的事，也可能是不正確的，但正是這些故事支配了我們的情緒和反應。

幸運的是，我們還可以調動另外一種能力。我們可以進行認知再評估，這也被稱為**重新講述**（re-storying），這種策略使我們能夠在需要時改變經驗的意義。

在我擔任的各類行政職務中，我曾有機會在三名不同的院長手下任職。其中一個人不相信「謝謝你」這類的話語，他的觀點是：「我為什麼要因為某人做了他們該做的工作而感謝他們？」他也相當內向，對向他彙報的人的工作沒有太多評論。這種行為組合，曾經讓他的副院長們抓狂。

有鑑於此，當我成為他的一名副院長時，針對我該如何解釋他對我所做的工作缺乏評論，我刻意做了一個改變心態的決定：我不要將院長的行為視為批評或冷漠，而是把它視為他對我完全信任的跡象。這是真的嗎？其實我真的不知道。但我知道這個修改後的故事對我很有用。假設他對我有信心，能幫助我在我的角色上保持積極主動和領導者的態度。與同事相比，這種心態讓我感覺壓力更小，權力更大。

還有另一個例子：假設你認為一個同事正在利用不斷的提問，和偶爾打斷你的說話，來攻擊你的想法。在這種理解下，你的反應是對他封閉。你不再對這個人和他可能給你的任何回饋保持開放態度，但這也就限制了你的彈性能力。其實還有更好的選擇。如果你改變故事，就可以看到同樣的行為，但做出完全不同的反應。例如，你可以把同事的問題和評論視為「對你的想法做不同的測試」，而不是攻擊這些想法。當你選擇了這個意義，你對觀察到的行為所做的解釋就會改變，而你感受的情緒也會跟著改變。

你也可以重新講述你自己的感受。例如，在一場緊張的表演前，你可以將你的焦慮或恐慌感，重新詮釋為興奮或熱情，甚至是大聲說出「我很興奮！」這樣簡單的機制就可以做到，並因此改善你的表現。研究顯示，能夠重新詮釋在這種情況下感受到的情緒衝動的人，改變的不僅是他們的表現，還有他們的生理狀況，也就是心血管功能。[5]更冷靜與更專注的你，也可能更善於彈性應對：能夠專注於自我發展以及手上任務，對於嘗試你所承諾的實驗感到自信，而且對回饋也更開放。

當然，如果你在真正危險的情況下練習，重新詮釋也可能會失靈，例如獨自一人晚間待在野外，周圍還有野生動物。腎上腺素就是為了真正危險的時刻而存在的！但是，在大多數的一般商業和人際交往情境中，我們都需要對自己有更多的了解，認知再評估是非常有用的。將你的焦慮視為「興奮」或「熱情」，可以幫助你以一種對學習保持開放態度，而不被情緒掌控的方式度過難關。

我們在第二章中認識的表演藝術總監，現在擔任 YMA 時尚獎學金基金執行董事的道格．艾文斯，想起他對自己和同事都明確地應用過這種技術。在他管理的兩家公司，每當團隊遭遇壓力時，他會這樣安撫自己：「這裡不是國防部五角大廈。這裡不是國防部五角大廈。我們不是在打仗。」在其他情況中，他也對他的人說：「各位，這是藝術。這是時尚產業。這裡是百老匯。如果節目無法繼續，也沒有人會死掉。」當情緒極端時，他的一般建議是：「退後一步，然後對自己說：『不是五角大廈。這裡不是五角大廈。』」

把負面故事轉成正面

有時候你告訴自己的故事，可能會造成不必要的痛苦，並且阻礙你的成長。為了繼續向前，我們需要兩個步驟。首先，你必須明白，你正在給自己講述一個對你沒有幫助的故事。接著，你就可以開始改變這個故事，無論是在你發現自己在重複的那一刻，或者隨時間經過再改變都可以，而後者造成的改變將更顯著。

我們都會在腦中「講述」自己的經驗。有時候這些故事會幫助我們繼續前進，但有時候會造成痛苦並阻礙成長。這裡是一些可能阻礙你成長的各種故事的例子：

- 「我做不到！」
- 「他們不會喜歡我的能力！」
- 「在這裡做任何嘗試都沒有意義！」
- 「我沒有什麼可以跟那個部門的人學習的。」
- 「我跟這種人沒什麼可學的。」
- 「他們在找我麻煩！」
- 「我以前嘗試過，但失敗了。我覺得我可能會再次失敗。」

我們有時候會想：「這件事我做不到」，「這件事」可能是主導一次困難的對話、為團隊提供一個鼓舞人心的願景，或者在社區活動中發表一場有說服力的演講。當我們對自己這樣說時，就會傷害我們的進步和成長。我們不去嘗試，也永遠不會發現我們講述的故事是否真實。

為了擺脫這些負面故事造成的影響，心理學家建議嘗試質疑潛在的信念。試試看，你是否可以將其轉化為能接受的正面信念，這就是一個可以改變你未來態度和行為的故事基礎。這種「重新講述」的作法，就是**認知行為療法**（cognitive behavioral therapy）的基礎，多年來已經造福數百萬患者。拜倫・凱蒂（Byron Katie）和布魯克・卡斯提洛（Brooke Castillo）等教練和自救類文章作者也推廣了同樣的概念，他們提出了一些改變故事的具體方法：[6]

- 在心裡問自己，和自己所想的相反情況是否屬實。舉例來說，如果你陷入了「我沒有什麼可以跟那個部門的人學的」的故事，試著說：「不知道我是否可以從那個部門的人身上學到什麼有用的東西。」這個問題在你的頭腦中打開了一個空間，讓你對接受新事物更開放。

- 思考如果你放棄某個特定的故事，生活會是什麼樣子。舉例來說，如果你習慣性地告訴自己：「他們不會喜歡我的貢獻」，就問問自己：「如果我知道他們會喜歡我的貢獻，我的行為會有什麼不同？」這個問題的答案可能會開啟一種新穎且更具建設性的行為方式。
- 透過陳述負面故事的反面，並添加一個緩和的措辭，例如「我可能做得到」，或「我對下次可能成功的想法抱持開放態度」。這個緩和的措辭讓你比較容易開始讓思維從已經成為習慣的負面故事轉移。

你越能明確地看出那些導致你痛苦或限制你成長的想法，並嚴格檢視，就越能創造一個開放的空間，讓你重新思考現實，找到一條新的前進道路。

反應調節：塑造你如何感受和感受什麼

另一個管理情緒的有用工具就是**反應調節**（response modulation）。當你感受到一種特定的情緒時，你會採取步驟來調節（改變）這種情緒的生理、經驗或行為表達。舉例來說，你可以透過深呼吸或逐漸放鬆肌肉，而且是按照特定順序收緊和放鬆全身的每一塊肌肉，來緩解或降低情緒。此類介入措施可能影響情緒的強度，以及對情況的後續反應。

如果你能在情緒剛開始在生理上表現出來時，就即早發現這個即將到來的情緒，那麼應用反應調節的效果會最好。在你能對一種情緒做任何處理之前，你先要確認你真的有一種情緒，以及它究竟是什麼。

多年來，我一直為這項挑戰感到困擾。許多時候，我是在恐懼、憤怒或焦慮等情緒發生了幾個小時後，才發現我在經歷這些情緒。但在即時狀況中，我會自動反應、察覺到有些事情不對勁，並體驗到一些強烈情緒的症狀，例如肌肉緊繃和心跳加快，但並沒有真的了解發生了什麼事。在多年的研究、學習和反思後，我才發現這些身體的症狀，以及想說出口的強烈衝動，都是我個人憤怒的初期跡象。

而現在，當這些反應發生時，我就會對自己說：「這就是憤怒」，而且我可以採取措施有效處理這種情緒。貝勒斯也一樣將情緒管理描述為隨著年齡成長而學到的一課。她學習到每當她感覺有種情緒，讓她迫切地想採取行動來傳達她的訊息時，都該冷靜等候，直到她對這種情緒的反應減緩，並且能夠更深入考慮真正想要的是結果，以及達成的最佳方式。有時候，情緒調節需要調整你的身體，和身體體驗情緒的能力。

我們在第六章討論過的蓋文．尼爾森也呼應了這個教訓。「你就是必須知道自己的情緒是什麼，」他說：「而且這並不像你想像的那麼複雜。你不會體驗四十或五十種情緒。你不會隨機地旋轉輪盤，並落在一個情緒上。大多數情況下，你會陷入相同的兩種、三種或四種情緒。你要把它當作一個小型科學實驗。『好吧，我一直遇到這種情緒。為什麼呢？』」

發現你最常出現的情緒，會讓你更能處理這些情緒，並繼續從經驗中成長和學習。

我們採訪過的很多強勢領導者推薦的另一個反應調節策略，是提前練習某些行為，讓你做好準備，以更有效地處理情緒的生理表現，例如體能鍛鍊、正確飲食和充足睡眠等行為。正如密西根大學副校長哈波所說的：「我學到的一件事就是，休息非常重要，當你在處理牽涉很多人的棘手問題時，你必須在身體和心理上照顧好自己，因為當你疲累的時候，就無法得到最好的發揮。」

麥可．維特胡恩則回憶道，在他擔任大使期間，他透過認真的準備來因應壓力，包括閱讀大量的背景資料。他發現這些閱讀「減輕了我的壓力，讓我處於一個我認為我有自信可以在幾乎所有情況下都能有所貢獻的地方。」他還提到，只要有可能，他就會盡量睡眠充足，這是對於體力的重要補充，尤其考慮到他在擔任大使期間，總共旅行了近四十萬英里。

在我們的採訪中，第二個常見的準備策略，是從一天的開始就做一個目的在促進情緒框架設定的練習，例如閱讀一些可以鼓舞人心的內容。對於有信仰的人來說，靈感往往來自讀經或祈禱。

印尼大型科技電商公司 Tokopedia 的產品開發主管樸樸特．席達雅特（Puput Hidayat）發現，她可以透過回顧作家迪．雷斯達禮（Dee Lestari）所著《閃電》（*Petir*，印尼文）一書中的某個章節來改善心情。在這一章中，女主角對一個問題感到困惑，直到她最後決定這已經不重要，即使這個問題無法得到正面的解決，她還是會繼續生活。席達雅特反覆閱讀這本書的這個章節，每次都能幫助她以更廣闊的角度看待一個令人不安的問題。

李察．謝瑞丹（Richard Sheridan）是位於安娜堡的軟體開發公司門洛創新公司（Menlo Innovations）的共同創辦人兼執行長，也是《快樂公司：我們如何打造人們喜愛的工作場所》（*Joy, Inc.: How We Built a Workplace People Love*，暫譯）一書的作者，謝瑞丹使用雙重策略管理自己的情緒。首先，他小心謹慎避免自己不想接觸的事情。舉例來說，他從二十年前就不再收聽當地新聞：「這就是一個謀殺、火災和犯罪報告，我不想每晚都聽這些東西。」其次，他每週會花十幾個小時閱讀可以激勵人心的文章，以支撐他的工作。

最後，許多人發現他們情緒管理系統中的一個關鍵因素，就是社會支持，無論是以配偶、朋友圈、家庭成員、正式支持團體或任何其他人際網路的形式。

席達雅特描述了社會支持對她的功用：

> 當你獨自處理負面情緒時，它會被放大，因為它一直停留在你的腦海中，你會不斷用許多想法來修飾它。隨著時間經過，一個負面想法會變成兩個負面想法，到最後將你癱瘓，讓你什麼事情也不能做。基本上，對我來說，你無法靠自己擺脫負面情緒。
>
> 所以每次我有疑問、對自己沒有信心時，我會尋找可以信賴的人，無論是導師、直屬上司、朋友或同事。我想每個人都有可以求助的人。朋友可以讓我對事物有新的觀點。

湯姆．漢克斯（Tom Hanks）在二〇一九年上映的電影《知音時間》（*A Beautiful Day in the Neighborhood*），是一部關於兒童心中的電視明星弗雷德．羅傑斯（Fred Rogers）的故事，任何看過這部電影的人，都會被羅傑斯對兒童觀眾的奉獻精神，以及始終如一地表達對他們的接納、愛與支持的使命感留下深刻印象。保持這種情緒穩定，對現實生活中的羅傑斯先生也是有負擔的。在電影中，漢克斯成功地捕捉到了羅傑斯用來維持心態平衡的一些生活策略，包括每天游泳和定期祈禱。

管理正面情緒：抓住機會

對於想要持續學習和成長的人，控制負面情緒是一項重要的挑戰。事實上，當人們想到情緒調節時，最容易想到的就是負面情緒。例如，我們為撰寫本書採訪了知名的領導人和社區工作人員，再到剛開始起步的年輕人，當我們詢問他們如何管理情緒時，他們全部描述了如何在工作和與他人互動中，努力控制、重新評估、壓抑或管理負面情緒。但正面情緒也值得討論。

我的前密西根大學同事芭芭拉．佛列德里克森（Barbara Fredrickson）提出了一個「擴展與建構理論」（broaden and build theory），這個理論可以幫助解釋正面情緒的重要性。[7] 正如佛列德里克森所解釋的，正面情緒不僅「擁有了會很好」，還有助於建立支持長期恢復力和成長的重要資源。

首先，正面情緒為個人成長提供激勵，可能讓你更頻繁地運用彈性的力量。舉例來說，當你回憶和品味冒險時所經歷的正面情緒，包括自豪、興奮和冒險等感覺，就可能讓下次的冒險不那麼讓人感到畏懼。

其次，正面情緒有助於人們擴大對可能性的感覺。研究顯示，與沒有這些情緒的人相比，被誘導產生正面情緒的人，會產生更多也更多樣化的他們認為值得做的潛在行為。正面情緒也有助於設定學習和成長目標。舉例來說，體驗自豪這種正面情緒有可能激發對更大成就的幻想，讓你對自己的成長充滿信心和篤定。目睹他人取得偉大成就所產生的正面啟發，可能會激發追求自己志向的衝動。你在體驗一段經驗時感受到的正面情緒，也可能讓你有勇氣尋求他人的回饋。還有證據顯示，根據經驗所產生的明確認知與考量的正面情緒，還可以刺激反思。[8]

此外，證據還顯示，正面情緒的影響往往會隨著時間而增加，形成一個正面螺旋。[9] 當你感受到更多正面情緒時，你會在生活、環境和人際關係中找到更多正面因素，並再次感受到更多正面情緒。就像佛列德里克森所說的：「正面情緒似乎是最佳表現的特徵，也是促進最佳表現的因素。」[10] 正面情緒幫助你建立自信和自知能力等資源，你可以運用這些資源在未來出類拔萃。研究甚至記錄了正面情緒對心率變異（heart rate variability）的正面影響。[11]

那麼，你如何才能充分利用正面情緒所帶來的潛在利益呢？

一個基本的策略就是讓自己即使在面對壓力、痛苦或困難的時候，也能享受正面的感覺。讓自己在**面臨挫折時開懷大笑**，都是非常有幫助的。對九一一恐怖攻擊發生後的學生，和例如二〇〇一年薩爾瓦多大地震等重大事件的倖存者所進行的研究，都記錄了正面情緒的有益影響。[12] 此類發現反駁了正面情緒並不重要的觀點。如果人們在這些險峻的情況下，都能受益於感受並放大他們的正面情緒，那麼我們或許也可以。放大你的正面情緒，應該會幫助你在嘗試彈性的實驗時感到更有自信，在實驗中學習保持更開放的態度，並且更能在反思時面對所有層面的情況。

管理正面情緒的另一個策略是**品味**（savoring），這是試圖延長或增加正面的情緒體驗。一種方法就是用非語言的方式表達你感受到的正面情緒，例如多微笑。當然，我們會在感到快樂時微笑，反之亦然，當我們笑得更多時，也會感到更快樂。把注意力集中在經驗中的正面元素也能提升品味的效果。這可以是想起讓你快樂的事，也可以是和其他人談論、慶祝，以及日後回憶的快樂的事。所以當你與彈性的力量相關活動進行得特別順利時，例如當你朝著目標取得進展時，或者當其他人對你的某個努力做出正面反應時，要好好品味你所感受到的正面情緒。研究顯示，品味的能力與主觀的幸福感有關，包括對未來的樂觀感覺和控制感、生活滿意度和自尊等。[13] 這種樂觀感受和控制感應該可以培養你設定目標，以及帶著增強的自信透過彈性的力量來實現目標的能力。

管理正面情緒的第三個策略就是**關注生活**中正面的故事，而不是負面故事。這代表要對你告訴自己的故事有所警惕，做出深思熟慮的決定來支持正面的故事。舉例來說，當你在一次考試中得到了甲等，你會說：「哦，那個考試真的很容易！」嗎？這是一個否定的說法，貶低了你自己的努力。相反的，選擇一個強調事件正面的故事：「我為了減少拖延和改善學習習慣所做的努力得到了回報，真是太好了！」考慮到正面情緒對幸福、自尊和生活滿意度的價值已有文獻紀錄，採取簡單步驟來改變你的解釋（不斷重複到你真的開始相信為止）似乎是在彈性的力量中管理情緒的絕佳策略。

有些彈性的力量實踐者採取一種刻意的紀律，鼓勵他們將注意力集中在經驗的正面結果。研究也顯示了這種習慣的價值意義。在一項研究中，研究人員要求人們在五週內，每週五天寫下三件關於自己的正面事情，例如三項有價值的技能、三項有用的特質、三項個人成就、三件擅長的事，以及三樣讓他們成為好領導者的事。這項簡單的介入提高了受測者的工作參與度，降低了在工作時的「耗損感」，並幫助他們對周遭的人產生更大的影響。[14] 對於每天五分鐘的正面反思來說，這是一個相當大的回報！

最後一個想法，一些企業管理者可能認為這有點「軟弱」，但從青少年學生、籃球運動員到警官都覺得它有價值，那就是**自我同情**。我和我的同事發現，對自己採取支持、關懷和非評判的心態，能幫助位於領導位置的人，尤其是那些面臨嚴峻挑戰的人，保持更多身為領導者的自我意識。這也有助於讓別人覺得他們更有效能。[15]

有鑑於生活經常帶給我們大多數的人挑戰，我認為自我同情有可能成為有效管理情緒的另一種更有力的方法。

正如本章所述，我們在生活中面臨許多挑戰，從日常生活中的不快，到讓我們難以學習和成長的障礙，都源自我們自己的思想和內心，重點不在於生活中的事件，而在於我們如何**回應**這些事件。也許達賴喇嘛在與大主教戴斯蒙·屠圖（Desmond Tutu）的一次討論中，做了最好的詮釋：「精神免疫力就是學習避免破壞性情緒，以及培養正面情緒。」[16] 同樣的智慧也能幫助我們擺脫阻礙我們透過生活經驗學習和成長的陷阱。

Chapter

08

彈性的力量在各種情況下的展現

彈性系統的美妙之處就在於你幾乎可以將其應用於任何即將到來的經驗。假設你被指派承擔一項棘手的任務，例如管理一個委員會、規畫一場度假會議，或談判一份重要的契約，又或者假設你在工作中遇到問題，需要與某人進行艱難的對話、開始一份困難的新工作、與新老闆共事，或開始了新的跨部門合作，這些經驗都可以成為應用彈性的力量很適合的情形。

讓你夜不成眠或發現自己不斷反芻的經歷，更是特別可能的適合情形。在這些經驗中發生的一些事情，都是技能發展和學習的潛在可能。當你的職業環境即將發生變化時，彈性系統就特別合適和有用，但也可以應用在有想達成的目標或想解決的問題時。同樣的，在第一章中，我們討論了新手領導者最能從中獲取教訓的經驗類型，也為我們提供了可以幫助所有人學習和成長的良好線索。

同樣的想法也適用於個人生活中的挑戰。對許多家庭成員來說，回家度假本身就提供了練習彈性的機會，例如檢測你是否可以在更有耐心或更懂得傾聽等方面取得進展。

本章介紹幾個你可能會特別希望應用彈性的力量的場合。希望在你記住這些內容後，當你的生活中發生這樣的事情時，就能更刻意地尋找更多的彈性方法。

轉型時期的彈性

人們在組織內一直在面臨轉型。他們可能在不同部門接受新工作，或者在不同部門擔任同樣工作，但要面對新的同事、程序和規範。也許其中最困難的就是第一次轉型到領導的角色。

轉型是練習彈性的絕佳機會。在轉型期間，你在工作中已經更「有意識」，因為你的例行工作已經被打亂，你顯然面對著新事物，而且這種轉型通常會增加你在組織中其他人眼中的能見度，進一步提高你的自我聚焦（self-focus）。[1]因此你通常會有很高的成功動機。研究也證實，因為在轉型期間，事情往往令人困惑，人們在這段期間對學習和回饋最開放。為了成功需要採取的行動變得不是那麼清楚，你的身分或自我感覺也會變得更流動和易變。[2]

在這種時候，人們往往對自己「應該怎樣」、「想要怎樣」產生強烈的好奇心。套用一名高階主管教練的話，當你進入一個轉型階段時：「世界改變了。突然間，我擁有了一套從未使用過的全新技能，我必須讓它們發揮作用。」**轉型者有機會嘗試新的行為**。他們會遇到新的利益相關者，包括同事、老闆、顧客、供應商以及往來客戶等，這些利益相關者的想法可能與他們不同，對他們的看法也可能與過去的利益相關者不同。

組織行為學專家艾米妮亞．伊貝拉（Herminia Ibarra）認為，職業轉型是人們嘗試所謂「暫時自我」（provisional selves）的理想情境。伊貝拉推薦採用一種與彈性類似的探索和好玩的過程，在這個過程中，人們可以嘗試各種職業身分，並根據自己的感知和外部回饋意見，判斷是否保留或修改這些身分。[3]她與同事羅克珊娜·巴布列斯庫（Roxanne Barbulescu）更進一步將重大的轉型描述為發展一個人自我身分整合論述的機會，這表示彈性的力量進一步結果可能是發展一個更新且更複雜的身分。當人們確定彈性目標、嘗試各種實驗，並尋求回饋時，他們對這個過程的反思，使他們開始內化對自己的論述，例如他們最想成為怎樣領導者。[4]

此外，轉型還提供運用彈性的機會，因為它們通常是被預期、可預測的，並且有一定的規律性。在許多組織中，工作輪調會按照預定的時間表、升遷會按照大家普遍接受的時程，而為個人造成職位變動的部門重組，只在廣泛的規畫和討論後才會進行。這些實際情況代表人們通常有時間為轉型做好準備，也有機會觀察其他人之前類似的轉型經驗。這些因素使轉型成為進行有用實驗的自然時機。

當我們採訪人們，詢問他們在生活和職業中如何應用彈性時，就經常提到轉型，包括轉型成為領導者，以及從一種領導者轉變為另一種領導者。我們聽到的一些故事很鼓舞人心。

舉例來說，北卡羅萊納大學知名男子足球教練安森·多倫斯（Anson Dorrance）發現，當他第一次被要求擴大職責去領導女子足球隊時，他不得不改變自己的方法。他讓自己了解大專女子足球運動員的風格，並調整了教學方法，以利用女性青睞的「家庭感覺」。與此同時，他也鼓勵這些女性運動員發展較有競爭性的打法，這是他以前共事過的大多數男性球員理所當然採用的方式。多倫斯帶領的一名傳奇球星米婭·哈姆（Mia Hamm）說：「我自小就擅長運動，但身為一個女孩，我從來沒有被允許像男子那樣感覺良好，我的堅韌沒有得到讚揚。但後來我到了北卡羅萊納大學，想成為最好球員的想法變得可以被接受了。」[5]

前高盛合夥人麗莎·沙利特被任命為全球合規部門營運長，並加入一個滿是專家的部門，她成功利用自己局外人的優勢向周遭人士提問與學習，因為他們對此類問題了解得更多。

史考特・布朗在被任命為杜魯門中心（Truman Center）的董事長兼執行長後，運用他在伊拉克和阿富汗的作戰領導經驗激勵和團結新團隊，同時也在他們的共同使命和團隊福祉之間取得平衡。

勞夫・西蒙則在創辦他的訓練和領導力發展公司時，利用彈性調整來刺激自己的成長。他發現自己已經習慣在一種「持續前進、前進、前進」的模式下操作，透過「全速奔跑」的方式來因應每一個挑戰。西蒙意識到這種模式從長遠而言是無法持續的。他的回應方式就是嘗試一些方法，為自己創造更多空間，讓自己減少工作量，但同時也更具影響力。

迪佩希・庫瑪（Deepesh Kumar）發現，他成功成為一名企業家和商業領袖，相當程度得益於他從先前的職業轉型中吸取的教訓。被提升為一家大型律師事務所的合夥人，讓庫瑪必須面對新的責任和挑戰。「當你是合夥人時，」庫瑪解釋道：「僅把交付給你的案子處理得很棒是不夠的。你還必須能夠帶來新案子，或者跟能夠帶來案子的人合作。否則你就無法保持合夥人身分。」

當然，這種認知迫使庫瑪致力於開發帶新案件到公司的新技能。但在更深層次與更個人化的層面上，他也發現自己需要學會認識壓力並處理它，否則「就會讓它像無法感知的溫度那樣圍繞著你。」庫瑪的職業轉型幫助他提高了處理壓力的能力，這也為他創造一個繁榮的企業奠定了良好的基礎。

如同這些故事所顯示的，你在工作和生活中所經歷的轉變，可能是創造或更新一種專注在個人成長，以及專注在轉變本身的理想時機。

因應新挑戰的彈性

第二組可以彈性應變的機會，在你不見得擔任新的職務，但你周遭世界以創造新的需求、問題和機會的方式發生變化時出現。

例子可能包括你公司產品的市場發生重大轉變、你服務的社群組織中的一位主要領導者離職，或者新技術的出現改變了你所從事的行業等。環境中的這種變化需要適應性的改變，而發現這些有效改變的最佳方法，通常是通過實驗，也就表示要彈性。

對於加州葡萄酒之鄉一家小旅館的老闆露西（Lucy）來說，需要她適應能力的最新挑戰，就是二〇二〇年的 COVID-19 危機。隨著三月間美國各州開始封鎖，個人也開始自我隔離，她旅館的入住率就從高於平均水準直接降為零。露西遭遇了許多陌生的問題，包括新的健康和環境法規、員工裁員和失業救濟相關的複雜法規，以及關於租稅和小企業貸款的混亂作業程序等，而且還是在債務不斷增加的背景下。

露西是我認識的最正向的人之一，但這些新的挑戰甚至威脅到了她陽光的性格，她花了一段時間才控制住暫時壓倒她的焦慮、憤怒和悲傷等情緒。自我反思以及和彈性的力量有關的實驗漸漸開始有了幫助。露西發現，自己處理業務問題習慣的某個層面確實阻礙了她。每次面對需要陌生回應的挑戰，例如使用 Zoom 來主持虛擬會議，或者從當地政府官員獲得指示時，她都會感到束手無策。她不會去處理這些任務，而是把它列在待辦事項清單上，然後繼續做她覺得舒服的其他任務，她會說：「我稍後再處理那個問題」。只是「稍後」似乎從來沒有出現過。

露西知道，COVID-19 危機意味著她需要克服這種個人弱點。她為自己設定了一個彈性目標，就是找到一種即使在受阻時也能堅持下去的方法。她嘗試每天只處理一個不熟悉的問題，以此當作實驗策略。如果她想掌握新工作的努力一開始失敗了，她會休息一下，重新審視自己承諾背後的「原因」，試圖振作自己萎靡不振的動力，然後再回到問題上來，直到解決為止。

露西發現這種新方法奏效了，不只是應對每個不熟悉的挑戰，而是足以應對夠多的挑戰，讓她開始感受真實且不斷增加的成就感、進步感和力量感。每一次小小的勝利，都讓她更有自信地應付下一個挑戰，而她在尋求幫助、尋求資源和推動業務向前發展方面也變得更自在。

新的挑戰不僅僅出現在商業領域。對許多父母來說，撫養小孩也可能像是不斷的新挑戰，而且每個挑戰都需要學習和成長。

我稱為葛瑞塔（Greta）的年輕媽媽就是一個很好的例子。葛瑞塔是一名幸福的已婚媽媽，她喜歡在工作和生活中擁有掌控感，但卻在幾年內經歷了兩次深刻的育兒挑戰。她的第一個挑戰是在懷第二個孩子期間遇到的，這個挑戰讓她設定了學習放手的彈性目標。葛瑞塔的懷孕經歷是「搭上了一列你下不去的火車，正朝著一個未知的目的地前進，這是你能想到最徹底的投降。」這次懷孕面臨到危及生命的早產，她的一名醫生後來說：「我從未見過有人血壓這麼低，然後還能搶救回來的。」從這次醫療挑戰中倖存並恢復過來讓她體認到，有時候放棄控制權，是不可避免的，也是必要的。

她的第二個挑戰在一年後來臨。就在她的大兒子開始上學但由於 COVID-19 而取消去學校上課的同時，大兒子罹患了嚴重的口吃。葛瑞塔發現她對控制的需求再次出現。她癡迷地在網路上閱讀關於兒子病情的所有資訊，彷彿越來越多的知識最後能讓她戰勝口吃。

最後，葛瑞塔的治療師提出一項有用的建議：「葛瑞塔，妳必須停止划槳，實際下水游一會兒。」葛瑞塔把她的策略改成了彈性。她搜尋她能做什麼，以及機會在哪裡。她開始為自己設定一個新的彈性目標，就是在與兒子就口吃問題互動時要更體貼，這樣他最後就能有正面的自我認同。為了達成這個目標，她進行了各種實驗，包括與朋友一起反思（她的煩惱），以及努力在自己的災難傾向（總是幻想最壞的情況）和有時候就是需要「順其自然」之間取得平衡。面對這個新的育兒挑戰，已經成為葛瑞塔創造力和成長的泉源。

彈性面對新挑戰的第一個關鍵就是將它們視為機會。葛瑞塔真的把本來可能難以承受的情況（她危及生命的懷孕和長期康復）視為重新定位生活的機會，可以拋開過去困擾她的小問題，而且更常陪伴孩子。研究顯示，人們和組織以兩種方法因應環境變化。有些人將變化視為威脅：「有些事情改變了。這很可怕。我需要做些新的事情。我能做嗎？萬一我失敗了怎麼辦？可能會發生什麼樣的壞事？」當你將變化視為威脅時，一連串可預測的反應可能隨之而來，你會變得更僵化、尋求更少資訊、只考慮一小部分可能的反應、努力節約資源，以及會盡可能做出更多控制行為。（好比葛瑞塔所說的，這就像你開始努力划槳，只專注在眼前可以控制的行為一樣。）

其他人則**將變化視為機會**：「有些事情改變了。這太神奇了。我需要做些新的事情。我該怎樣才能學會做這件事？如果我成功了呢？什麼樣的好事可能發生？」[6] 這種觀點鼓勵更大的擴張性和探索精神，包括探索成長所需的重要方法，以便有效地做出反應，並對嘗試新事物抱持開放態度。當你面對真正負面的事情時，記住你對發生在自己身上的事情的觀點，有這些重要的效果，可以幫助你監測自己的心態並加以轉變，讓你開始尋找和關注當下的機會，並享受這樣做的好處。

因應回饋的彈性

我們採訪的許多人都將回饋視為個人成長旅程的動力。對許多人而言，卻是**負面回饋產生關鍵性的影響**（例如暗示有缺陷或某些事情需要改變等評論）。

葛雷格．霍姆斯（Greg Holmes）是東岸金融服務業的一名高階主管，在他的晉升被忽略後不久，就開始擁抱彈性概念。沒能得到他所希望的職位已經夠糟糕的了，但更痛苦的是，新任主管在觀察他的工作表現九十天後，將他評為「需要改進」。接連兩記重擊可能會讓一些人變得憤怒或怨恨，但霍姆斯決定把它變成一次學習的經驗。他決心在接下來的九十天，在工作方面取得更大的成就，於是他選擇改善自己的時間管理技能，並啟動了幾項實驗，以找到實現這個目標的方法。其中最重要的，也是他至今一直應用的一個方法，就是問自己：「最重要的計畫或任務是什麼？」然後把所有的資源投入到最重要的計畫上並完成它。

目前在一家全球諮詢公司任職資深經理的史蒂芬・沃布路斯基（Stephen Wroblewski），當年在一名經理將他描述為「九九%的人」後，走上了成長之路，這名經理的意思是：他善於接近完成工作，但最後都無法完成。沃布路斯基進行了一系列實驗，以找到更好的方法來管理他和團隊的計畫。在這個過程中，他發現了在一天結束時、一週結束時，以及每個計畫結束時進行反思，以檢視他和同事是否成功完成任務的力量。

有時候，即使是隨意而即興的回饋，也能讓你踏上成長之旅。有一天晚上，本・塔多斯基（Ben Tawdowski）在辦公室工作到很晚。在準備離開出門的時候，另一名經理看見了塔多斯基。這名經理笑著說：「如果你要工作到這麼晚，不是你工作得太辛苦，就是你不擅長把事情做完。」

羅德・皮爾森（Rod Pearson）在一所主要大學醫療系統中負責一個重要的部門。他在擔任駐院醫師期間也收到過類似的一針見血的回饋。當時他面對一個不熟悉的問題，於是拜訪負責人徵求意見。「你為什麼沒有想出任何解決辦法？」那名主管問他。皮爾森記下了這個評論。當他下次遇到問題時，又去找主管、描述了問題，然後提出了幾個可能的解決方案。這名主管又問他：「你為什麼不把這些想法付諸行動？」雖然透過了兩個不同層次的回饋，但皮爾森學到了寶貴的一課，他不需要高層的許可才能夠完成事情。當問題出現時，他開始自行嘗試解決方法，並以學習為導向，只在實施他自行創造的解決方案後，才尋求回饋意見。

收到負面回饋絕不是一件有趣的事。正如一些聰明人，或者可能是自以為聰明的人敏銳觀察到的那樣：「人們說他們想要建設性的批評，但他們真正想要的卻是讚美。」可惜的是，幾乎沒有人能持續得到讚美。當批評出現時，你至少可以將它當作一種好的力量，把它當作一個彈性改善的機會。

應用彈性以成為更好的你

彈性心態的觸發因素不一定是有壓力的經驗或察覺到的弱點。有時候，它就只是在現有實力上強化的願望。

丹．夏曼（Dan Scheinman）小時候是一個有著遠大夢想的籃球員，他希望有一天能在美國頂尖大學籃球隊打球，然後誰知道呢？也許在那之後甚至還能進入NBA。但在他十二歲時，一名菁英籃球訓練營的教練告訴他：「聽著，以你的水準，打球時不能只偏好一隻手。如果你的左手不能像右手一樣強，你就無法成為菁英球員。」

夏曼將教練的話銘記於心，也許太銘記於心了。他接著花了整整一年的時間練習左手，變成了一名左撇子籃球運動員，而不是教練敦促他要成為的彈性的雙手球員。

回顧這段經驗，夏曼總結道：「我忘記了我的強項。」他非常擔心左手的（相對）弱點，而忘了保持和利用現有的右手力量優點。

夏曼的教訓也適用於我們許多人。很多人都有自己沒有充分發展、提升和發揮的優點。有時候他們甚至根本沒有意識到這些都是優點。舉例來說，在我職業生涯初期，我經常得到我如何善於帶活動的讚揚，像是在教職員委員會或研討會小組的時候。這些評論讓我感到驚訝，因為我並不覺得在做什麼特別的事，我只是以一種對我來說似乎很自然，甚至顯而易見的方式來組織和管理活動。

在那之後多年，透過反思我才意識到那種「可是我沒有做什麼特別的事！」的感覺，往往就是未被發現的優點很好的跡象。而這些**未被發現的優點，正是潛在的彈性機會**。當你發現你有一種在沒有刻意培養的情況下開發出來的能力時，你就可以抓住機會嘗試進一步培養這種能力的方法，也許還可以把它變成一種真正與眾不同的才能。

在我的例子中，我就可以利用我天生的團隊管理能力來好好經營組織，方法就是告訴自己：「我擅長組織團隊完成任務。但如果我增進自己的能力，讓人們感覺被重視、肯定與激勵，還能做得更好。」透過這種方式，自然的彈性目標就出現了。透過集中注意這件事，我的優點就會隨著時間經過變得更有優勢。

在**觀察其他人**之後，也可以根據觀察結果來制定正面成長的時程。無數人根據他們想要仿效的榜樣，為自己設定了彈性目標，無論這些榜樣是他們認識的人，或是世界舞台上活躍的人物。在其他情況下，你也可能觀察到有人在做一些特定的動作，哪怕只是一個小動作，也能激起你的嚮往。例如，光是注意到朋友或同事對生病或受傷的人表現出特別周到的同情行為，都可能引發想要設法在自己身上培養這種慷慨能力的願望。

還記得前面提到沃布路斯基這個從來沒有真正完成過工作的人嗎？在聽到別人提供的回饋後，他就從高中時期的一次經驗獲取靈感，來改善自己的「完成工作技能」。當時他已經是一名相當優秀的游泳選手，但觀看三屆奧運獎牌得主湯姆．杜蘭（Tom Dolan）練習游泳，仍然可以發現新事物。他注意到即使是練習，杜蘭也從不鬆懈，從不浪費任何一次手臂揮動。沃布路斯基的收穫就是，他應該也要努力做到「永遠不浪費任何機會」，甚至要把訓練當作和比賽一樣重要。多年後，當他回憶起這個教訓，他開始把同一個理念應用到工作中，尋找方法確認他充分利用了在工作上花費的所有精力，並且不再留下任何未完成的任務。

在其他例子中，理想目標的設定並不是基於你觀察到的榜樣，或是你自己最真誠的價值觀，而是基於該做什麼才能有效**融入組織或角色**。還記得第三章認識的學術界領袖葛瑞爾嗎？葛瑞爾在不同時間為自己設定了不同的彈性目標。當她在荷蘭一所大學的部門工作時，她發現需要讓自己「變小」，以符合該國文化規範對組織成員和領導力的期待。後來當她在史丹福大學擔任類似的角色時，她又不得不讓自己「變大」，以便在這所特定大學的環境中，被視為一名有影響力的領導者。

有時候，特定組織會有這種強大且定義明確的文化，讓有志成為領導者的人只根據更融入所處地點文化的需要來制定彈性目標。舉例來說，希望在Google晉升至領導職務的人可能會發現，他們需要開發與他人溝通和聯繫的新方式，以便更適應Google的原生態。[7]而在其他公司，被期望的行為則可能大不相同。無論你面對的挑戰是工作問題、育兒問題、不斷變化的財務狀況，或者任何其他觸發彈性的議題，想要在各種情況下應用彈性，就要注意這些環境需要你做什麼，以及你可以在其中學習的途徑。

高階主管教練常見的問題[8]

也許你喜歡**成為更好的你**這個說法，但不確定你需要學習什麼技能。下面列出有志成為商業領袖的人帶去給高階主管教練討論的常見挑戰，也許可以提供一些發人深省的想法。這些技能中有多少是你想要更擅長的？清單中的任何一項或全部，都可以成為新的彈性目標，以及一系列測試不同成長途徑的實驗基礎。

- 發展策略思維
- 改善溝通技巧
- 高階主管的大將之風
- 培養／指導他人（傾聽、提出開放式問題而不只是講道、好奇心、不評斷、共同創造解決方案、為他人服務）
- 職業探索（目的、優勢、價值、影響／意義）
- 為自己和團隊進行談判
- 合作／投入思想的多樣性
- 主導有效能的會議
- 決策制定
- 向上管理
- 提供、接受、尋求回饋意見
- 管理困難的工作關係
- 團隊動力
- 培養團隊能力（人員、過程、結果）
- 如何在工作中展示價值
- 建立內部和外部人脈
- 增強信心
- 承擔有益的風險

• 自我同情
• 完美主義
• 找工作
• 管理強烈的情緒
• 建立信任關係

因應創傷的彈性作為

正如我們分享的故事所證明的，對於每天在大部分生活與工作中都會遇到的挑戰，彈性確實可以幫助你找到因應的有效方法。但經驗和學術研究也顯示，人們也可以透過因應生活中最困難，甚至最痛苦的經驗來學習和成長。事實上，這種形式的成長甚至有了自己的名字：**創傷後成長**（post-traumatic growth），與大家更熟悉的名詞：**創傷後壓力**（post-traumatic stress）形成對比。

創傷後成長通常包括更強烈的自我意識、與他人更深入和更優質的關係，以及一種新的生活哲學等元素，通常反映了在優先事項上的根本改變。[9]

即使已經高齡九十歲，山姆（Sam）和露易絲．布魯（Lois Bloom）仍是我所認識的最注重成長的人。他們篤信宗教，在生活經驗中經常感到「上帝的推動」要他們成長。露易絲的父親患有躁鬱症，但在以前，大多數的人會把這個問題輕描淡寫，描述為「酗酒問題」。在許多晚上，年輕的山姆和露易絲會接到家人的電話，要他們去俱樂部或酒吧接露易絲的父親。為了因應這個充滿挑戰性的家庭環境，他們養成了一種強烈為他人服務的道德觀，而將空閒時間用來擔任志工。他們帶著三個孩子搬到加州，在一個美麗的環境中撫養他們。他們似乎找到了一個幸福的避難所，足以決定他們的餘生。

一九八二年，這幅田園風光畫上了句號。他們的兒子山米（Sammy）在大學裡一直有麻煩，後來還被邪教誘惑，加入組織，在那裡待了大約一個月，後來才被山姆救了出來。但山米的心理和情感掙扎還在繼續。幾個月後，他開車衝下懸崖，結束了自己的生命。山姆和露易絲不得不面對一個兒子的自殺，這也許是任何父母所能想像到最可怕的經歷。

你該怎麼因應這樣的創傷，尤其如果你是一個將學習和成長視為人生核心價值的人？這個問題沒有簡單的答案。但露易絲的因應方式是列出一張清單。一天深夜，她在床上輾轉難眠，最後她開了燈、抓起筆和紙，開始書寫。她列出了所有困擾她的事情，那些她迫切需要答案的問題。邪教是如何產生的？為什麼邪教對某些人有如此強大的吸引力？是什麼導致一個人考慮自殺？自殺事件後留下來的人該如何面對這場悲劇？一個飽受苦難的人，該如何熬過對上帝的強烈憤怒？

那天晚上改變了山米的自殺對他們的意義，也因而改變了山姆和露易絲的生命。當然，這仍然是一個可怕且讓人心碎的損失。但它也成為一條新的成長道路的起點，這條道路賦予了他們的生命更深刻的意義和目標。

即使他們將對生命的努力轉向幫助他人，山姆和露易絲仍然相互扶持，他們參與了加州大學洛杉磯分校的一項預防新生自殺工作，從機構中的顧問、專家研究人員，以及其他走過同一條路的家庭的智慧中受益。

令露易絲自己大吃一驚的是，她成為了一名作家。當被要求評論別人所寫的關於如何因應自殺的文章時，她坦率地說：「寫得很不好。」編輯回答說：「也許你可以寫一篇更好的。」露易絲同意試一試。結果就是一本名為《哀悼，自殺之後》（*Mourning, After Suicide*，暫譯）的小冊子。成千上萬的讀者從露易絲在這本小冊子裡分享的建議中獲益。

布魯夫婦也透過更直接幫助他人而成長。有一天，一個工作上的朋友走到露易絲的工作隔間。「我就是想說再見。」他說。

露易絲察覺到他有點不對勁。她跟著他走到停車場，要求他讓她幫助他，並且告訴他，他對她有多重要。他似乎渾然不覺，開車離開了。但是露易絲還是很擔心。後來她打電話給他，設法說服他與她和山姆一起出去吃飯。那通電話終止了他們朋友的自殺計畫。他們三個人聊到深夜。

多年後，露易絲在一家好市多遇到了這個老朋友。他的生活發生了變化，他結婚了、生了雙胞胎，過著幸福滿足的生活。多虧了露易絲和山姆，他的生命才不像他們的兒子那樣提前結束。

布魯夫婦對失去兒子的創傷做出的反應，提供了我們都能從中受益的教訓。請注意他們是如何憑藉而不是逃離這個可怕的經歷。對經驗可以教給你的東西保持開放態度，你將因此而成長。對布魯夫婦而言，他們的宗教價值提供了一個框架，讓他們對這場可怕的磨難保持開放心態。他們已經習慣於發現「上帝的推動」，即使在痛苦的人生經歷中亦然。但在因應創傷時，擁有傳統或正式的宗教信仰，不是成長的必要條件。關鍵是要保持像布魯夫婦這樣的人所表現出的成長取向。[10]在經歷了毀滅性的損失之後，我們都可以遵循山姆和露易絲採取的步驟，我們可以尋求學習，而不是憤怒地要求答案，我們可以求助於能夠為我們的成長之旅提供重要起點的人，我們最後還可以提供自己的經驗，以幫助其他有需要的人。

關於創傷後成長的第二個故事來自一個年輕很多的人。身為一名學生，愛麗絲（Elyse）是一個高成就者。才剛進大學的時候，她就獲選為她的姐妹會主席，後來更成為校園所有姐妹會的主席，同時還在學生會和其他的團體擔任領導角色。畢業後，她順利在諮詢業找到了一份不錯的工作。她過著二十多歲努力上班族的生活方式，長時間工作、為了工作到處出差旅行，閒暇時間都花在健身和與朋友的社交活動上。她享受人生，取得許多成就，並且很高興能向他人，以及更重要的是向自己證明自己的能力。

但後來，就像布魯夫婦一樣，愛麗絲也經歷了一次意想不到但永遠改變她人生的經驗。一天深夜，當她與人共乘的車剛剛抵達客戶所在的城市時，她搭的汽車被另一名司機撞了。愛麗絲的腦部嚴重受傷，讓她無法繼續擔任顧問。她的由高成就和持續活動所定義的人生，已經不可能繼續了。為了保持理智，愛麗絲不得不另覓他途。

回顧過去，愛麗絲描述了她是如何緩慢且不可避免地進入一種學習心態，而這對她是一種新的態度。這表現在她如何投入新的努力上。例如，她報名參加了當地一所學校的藝術課，而且很快發現自己是這個團體中技能最差的一名學生。以前的愛麗絲可能會選擇退出，畢竟如果不能成為最好的，幹嘛還要參加這個活動？但新的愛麗絲卻堅持了下來。「我喜歡做藝術，」她這麼對自己說：「它讓我快樂。」對於新的愛麗絲來說，這已經夠了。

後來，她又接觸電腦動畫當作復健的一部分，也再次發現她周遭的許多人都比她做得更好，但愛麗絲並沒有放棄，繼續努力。她利用腦部損傷所允許的有限使用螢幕時間，在晚上和週末研究短片，這些短片提供了改進她的動畫作品的祕訣和技巧，慢慢的，她發現自己越來越有技巧和自信。她仍然沒有達到專家可能設定的成就標準，但她達到了自己的標準，在這個過程中，她經歷了成長、滿足和成就感，這些都給她帶來巨大的快樂和滿足感。

愛麗絲對她自己的成功定義的重新調整，是一個我們都能從中受益的過程，即使我們沒有經歷過深刻的個人創傷。畢竟，所有人實際上都需要學習個人效能技能，而這些技能並不符合絕對的成就定義。成為有效能的團隊領導者、溝通者、團隊建立者，以及激勵者所牽涉到的技能，是我們可以用一生的時間來培養和學習的，而且可以在各種環境中應用。因為這個原因，我們都需要學習愛麗絲的教訓，最重要的成就標準是我們為自己設定的標準，而不是外部專家或社會為我們設定的。

愛麗絲和布魯夫婦並不是我認識的唯一從創傷後成長中受益的人。我們為本書採訪的其他好幾個人都談到了引發他們重要的學習和成長經歷的創傷事件，這些事件包括從父母去世到意料之外的健康危機。舉例來說，道格・艾文斯告訴我們，一名朋友的突然去世幫助他發現自己太一心一意專注於職涯發展，也讓他重新思考了自己人生的優先選項。他為自己設定了一個新的彈性目標，即使是持續專注於在工作中取得成功的同時，也要關懷他在乎的人。

其他專家的研究也證實，創傷後成長是一種讓人訝異的普遍現象。舉例來說，在一項研究中，受訪的母親指出，養育高風險嬰兒的壓力，對促進家庭關係的緊密、情感的成長和更好的人生觀都有正面影響。[11]

反思創傷後壓力的力量，我回想起我在為新晉升領導者舉行的高階主管計畫，第一天課程使用「生命線」練習。你可能還記得我們在第一章中提過，大多數被要求回顧他們人生故事的商業領袖都同意，他們從負面事件、感受壓力的時候、失敗以及挫折中學到最多的東西，雖然他們一生中大部分的時間都在努力避免這樣的經歷！

我並不建議你開始尋找創傷和失敗。對我們大多數的人而言，這是沒有必要的，痛苦的經歷幾乎會影響所有人，甚至是那些生活充滿滿足感和成就感的人。但是你對創傷的態度卻可能改變你的人生。如果你以學習導向態度來應付艱難時期，就可以從經驗中汲取教訓，讓你在未來歲月中追求新的成功、成就和滿足感。

彈性的力量：七步驟指南

1. 找出一個即將到來，且給你帶來挑戰的經驗。它可能是一種具有我們在第二章中認定屬於高潛力的學習經驗，是一種看得見、高風險，而且牽涉到跨界或與新類型的人互動的經驗。
2. 對於即將到來的經驗採用學習心態。你如何以學習者的身分經歷這個過程，並理解除了表現出色之外，你還想敞開心扉學習這個經驗可能教給你的一切？
3. 確定一個目標。除了你想在經驗中獲得的事物，你還可以針對自己培養哪個個人技能？這個目標可能來自你現在的痛苦（你需要改進的地方），或者來自你對未來的一些渴望（你想開始努力的更好的方式）。
4. 計畫一些實驗：在即將到來的經驗中，你可以嘗試什麼，讓你實驗實現目標的方法？你能邁出哪些小小的第一步？你又能考慮嘗試哪些更大、更大膽的步驟？寫下你的實驗計畫。如果可能，把它與朋友或密友分享。致力於達成它。
5. 設定一些方法來提醒自己，在行動陷於最水深火熱的情況時，也要不斷嘗試你的實驗。
6. 在經驗發生的過程中，記住要對回饋意見保持開放態度。這可能包括你注意到的事情，以及當你詢問：「我在X這件事上做得怎麼樣？」時，人們給出的回答（X就是你的目標）。
7. 找時間進行反思。關於這個目標，這個經驗教會了你什麼？你的實驗是成功還是失敗？你還應該嘗試什麼新的實驗？你想在下一次具有挑戰性的經驗中，繼續為同一個目標努力，還是朝著一個新目標前進？

Chapter

09

指導團隊成員學習彈性的力量

彈性的力量讓個人能夠在沒有管理培訓和指導等傳統介入的情況下，建立個人效能和領導技能。這是一種方法，它的基礎不在於向頭腦灌輸關於工作技能的新知識，而是讓人們參與自己的成長，嘗試一些對他們、他們的社群和他們的組織有用的新實務。

到目前為止，我們都專注於解釋個人可以做些什麼來促進自己的成長。本章的重點則是可以如何幫助他人學習彈性的力量而成長。你可能是一名老闆，希望支持向你匯報的團隊成員，因為他們致力於提高技能、更有效地合作，並為你領導的團隊做出更多貢獻。你可能是一名人力資源經理，負責協助資深領導者讓他們所領導的員工發揮最大的生產力和創造力。你可能是一名社群組織或公民協會的正式或非正式領袖，試圖將普通公民轉型成有影響力的領袖，為社群或整個世界帶來正向改變。你可能是一名家長，當孩子為了在工作與生活中取得成功而開始培養自己的技能時，向他們傳授一些彈性的好處。

在所有這些情況下，即使你還在應用彈性來強化自己的個人效能，也可能想利用彈性的力量來鼓勵和刺激他人成長。

教練就像成長接生婆

教練負責的就是一種成長遊戲。有一些工作能力正常的人（經常還是工作能力很強的人），在遇到障礙、面對新挑戰，或者只是想「提升自己的水準」時，就會找教練當他們的幫手。高階主管教練、人生與職業教練，就像體育教練一樣，為人們提供有價值的指導和支持，這些人從剛剛開始了解工作世界的年輕實習生，到《財富》（*Fortune*）雜誌五百大企業的執行長，他們要應付可能影響大企業和數百萬人生活的挑戰。

針對如何管理自己的學習和成長，以及如何幫助周遭其他人的發展，優秀的教練可以教我們很多。在我努力深入了解高階主管教練的世界和心態時，我花了一些時間與卡琳．史塔瓦奇共處，這是你在本書先前已經認識的高階主管教練。史塔瓦奇是一名成功的合夥人，在德勤摩立特（Monitor Deloitte）的跨國戰略諮詢機構工作了十一年，擁有在各類組織擔任臨時高階主管的領導經驗。她後來離開了那個領域，創辦史巴克領導力合夥公司（Spark Leadership Partners），與世界各地許多公司和行業的各類高階主管合作，專注於高階主管培訓，並擔任資深領導者的「思想夥伴」（thought partner）。二〇一九年，她被葛史密斯評為全球前一百名「領導力催化者」（leadership catalysts）之一，我們在第五章談到葛史密斯，他可能是當今最知名也最傑出的高階主管教練。

我也採訪了夏奈滋．布魯切克（Shahnaz Broucek），她獲得非營利組織國際教練聯盟（International Coaching Federation）認證的專業教練。布魯切克的教練方法是由她在漸進式領導角色和小企業老闆累積的三十年經驗所打造起來的。布魯切克利用參與羅斯學院 MBA 課程的機會，重新思考了一生中最想做的事情，並決定將自己重新塑造成一名高階主管教練。從那時開始，她透過自己的公司 OptimizU 幫助了數百名高階主管、團隊和組織。還與其他人共同創立了「關懷照料者」（Care for Givers），這個組織為受到世界流行疫情影響的一線護理人員，提供根據研究做出的降低壓力介入措施。

我與史塔瓦奇和布魯切克共度的時間，讓我學到了許多關於優秀教練如何為客戶做好工作的寶貴經驗。值得注意的是，儘管這兩名教練從未見過面，也從未與國內不同地區的客戶合作過，但她們都提供了許多類似的觀察和建議，這也讓我認為，她們的指導方法具有深刻的有效性和優勢。當你開始幫助周圍的人學習和成長時，他們的想法也可以做為你的入門工具。在本章最後，你還會找到一份教練指南，其中彙集了一些強有力的問題，讓你在幫助他人學習滋養自我成長過程的各階段使用。

創造成長環境

一個有效能的教練會假定他們的客戶或受指導者是全世界最了解自己的專家。教練的工作是擔任成長過程的專家。由於你正在讀這本書，所以你就正在成為一個彈性過程的專家。在這個過程中要指導另一個人時，第一個步驟就是創造讓一個人與另一個人一起有生產力的工作環境。這個步驟與你在第二章中所做的類似，當時你檢視並修正了自己的心態，試圖減少阻礙成長的想法和假設，好讓可以促進成長的不同想法和假設出現。

身為一名教練，你的目標是與受指導者建立**良好的連結**，這種連結具有成長性和開放性，允許表達更多不同的情緒，包括正面和負面的情緒。[1]

要建立這種良好的連結，你會希望在指導關係中充分參與、溝通理解，並真正傾聽，讓受指導者處於好奇和不帶偏見的狀態。根據布魯切克的說法：「關鍵在於幫助被指導的人感到被看見、聽見、尊重和安全。」

以下是一些具體的技巧，可以幫助你創造能滋養受指導者成長過程的環境。

塑造成長的空間和時間

首先要為受指導者創造一個安全空間，讓他們探索正在發生的事情。這代表要打造一個身體和心理上的空間，在這個空間裡，人們可以安全地進行人際交流、安全地信任他人、分享可能痛苦或尷尬的故事、承認弱點、描述恐懼，以及暴露自己的弱點。打造這種空間是成為一名有效能教練的關鍵第一步。許多人很少或根本沒有機會進入這樣的空間，在他們的生活中，沒有人能讓他們感到自在而可以說出他們有麻煩或需要幫助。受指導者在一個組織中的地位越高，這個安全問題就變得越重要。當你是新進員工時，承認不確定或不安全是一回事，但當尋求幫助的人是長期任職的公司副總裁、創業的執行長或大學校長時，就完全是另一回事了。在這種情況下，你和受指導者可能需要時間來培養必要的信任感，這個信任感是定義一個可以成長的空間所必需的條件。

史塔瓦奇指出了考慮時間因素的重要性。如果時間不足，會阻礙培養安全感所做的努力。與其試圖在你必須做的其他事情之間，硬塞入十分鐘輔導談話，還不如為這個過程安排一個專門的時間，並排除可能的干擾，例如電話和簡訊等。史塔瓦奇還建議在時間分配上要充裕。如果你預計這場教練式的輔導對話會持續二十或三十分鐘，就要在行事曆上留出一小時。你的目標應該是與受指導者這樣溝通：「這對我很重要，我已經為這件事留出了時間。」

準備好深入挖掘

受指導者可能會在談話開始時，提出教練們所說的「**表徵問題**」（presenting problem），這是他們正在擔心，希望得到幫助以解決的問題。這是你們教練關係的重要起點。但史塔瓦奇和布魯切克都指出，在許多情況下，表徵問題並不是教練需要處理的真正問題。因此，身為教練，要對表徵問題持半信半疑的保留態度，保持好奇心，然後準備好進行長時間的對話，以挖掘可能潛藏在表面議題之下更深層次的議題。

對許多受指導者來說，真正的根本問題是缺乏自信。史塔瓦奇對於有這麼多高階組織領導者，在內心掙扎諸如「我做得到嗎？」和「我夠好嗎？」這樣的問題而感到驚訝，這些問題他們很少明確提出，但的確隱藏在「我們談話中表達出來的內容之下」。同樣的，布魯切克也觀察到，無論做得多成功，內心都有一個批評的聲音：「他們腦海裡的這個聲音說：『我不知道我在做什麼。我不確定這是不是正確的方法。如果我搞砸了，這會是一場災難。』」即使是具備良好管理本能且非常成功的領導者，也可能會在腦海中產生這種主要是恐懼情緒的獨白，而導致反芻、過度工作和壓力。

由於許多人對表現脆弱感到有所顧忌，這種與缺乏自信有關的恐懼往往以偽裝的形式表現出來。受指導者可能會說：「我沒有時間去嘗試新的東西。」但內心深處，他們是害怕冒險去改變。他們可能會說：「我的組織不讓我以我真正想要的方式去領導。」但事實上卻是恐懼阻礙了他們。對於教練來說，看到真正的問題表示要**看穿偽裝**，找出是什麼因素導致行為失調或缺乏進步。

設定適當的目標

你已經知道，彈性的力量一個關鍵要素是設定彈性目標。身為教練，你的工作是幫助受指導者確定正確等級的目標。舉例來說，如果受指導者想在團隊成員之間創造更好的追隨力（followership），這也是史塔瓦奇一名客戶提出的表徵問題，那麼你的工作就是與受指導者一起確定實現目標的步驟。受指導者現在的行為模式中缺少什麼？受指導者是否需要學習如何更有效地傾聽？需要努力培養耐心或控制憤怒情緒嗎？根據受指導者的不同，這些調整其中之一，或其他類似的改變，都可能是合適的訓練目標。

如果你能幫助受指導者確認表徵問題背後的真正挑戰，就可以在幫助他們定義正確目標方面發揮重要作用。

提出能夠產生深刻見解的問題

教練的一個最重要工具就是**詢問**，提出問題讓受指導者更深入思考他們面對的議題，以及在滋養他們的成長和發展中，他們的經驗發揮什麼作用之類的問題。

有時候甚至需要問看似基本或明顯的問題。史塔瓦奇有一個客戶，我暫且稱她為羅莎（Rosa），她從小就被培養要做大事。她被視為組織未來的領導者，這個組織也對她的發展認真的投資。史塔瓦奇的工作就是幫助羅莎充分利用這個定位，為充滿希望的未來做好準備。為了發起討論，史塔瓦奇問羅莎：「你想要什麼？」

讓史塔瓦奇驚訝的是，羅莎只是默默地盯著她。最後她承認道：「我還沒想過這件事。」

史塔瓦奇利用詢問來做進一步探究：「當你展望未來的職業生涯時，嚮往什麼樣的職位？想要有一天成為營運長嗎？還是想當執行長？」

羅莎再次沉默以對。她一直受困在日常事物浪潮的拉力，以及組織對她職涯發展決定的推力之中，讓她從沒真正停下來問自己：「最後的結局是什麼？我想當營運長嗎？我想繼續然後成為執行長嗎？在我的職業生涯中，我真正想要達到什麼成就？什麼樣的角色會讓我的人生感到滿足和充實？」

在後續的對話中，史塔瓦奇和羅莎詳細探討了這些問題。她們共同確定了羅莎個人可以接受的職業目標，因此她的未來控制權也不再由組織主導，而是將其置於應該的位置，那就是由羅莎本人控制。這是一個賦予自主權的重要轉變。

詢問有助於促進**整合作用**（synthesis），可以將經驗和想法連結起來。舉例來說，假設受指導者與你分享了一個關於他們正在經歷的難以承受的經驗。你可能會用這樣的問題來回覆：「這個經驗能教會你什麼？為什麼這個經驗會以這種方式發生？下次你可以做些什麼不同的嘗試，來造成不同的結果？」像這樣的問題可以幫助受指導者得出結論、創造經驗之間的連續性，並產生有助於打造未來學習和成長的想法。

激發想像力的力量

詢問也可以透過引入創新學者所謂的「**構思**」（ideation），也就是提出想法的方式來促進成長。史塔瓦奇最喜歡問新客戶的一個問題是：「假設現在是五年後，而你和我要約在機場喝杯咖啡。你想告訴我你生命中發生了什麼？」這個問題讓史塔瓦奇的客戶開始生動地想像未來的場景，並短暫地活在他們選擇想像的那個未來時刻。客戶描繪出來的圖像，就是思考在當前生活中需要開始做什麼，好讓這個未來願景成真的第一步。除了幫助客戶定義他們需要做什麼改變、需要學習什麼，以及可能需要停止做什麼之外，這份想像力的禮物還能幫客戶發現**不改變的代價**，換言之，就是當下的痛苦，而這是改變可以舒緩的。

挑戰假設

教練的部分工作就是幫助受指導者突破假設，打破從受指導者的成長背景、教育、環境或整個社會中繼承的框架。沒有根據的假設、不準確的認知和刻板印象，是學習和成長過程中的最大障礙。

史塔瓦奇講了一個客戶的故事，這名客戶第一次被考慮擔任公司高階主管的職位。賈斯汀（Justin）非常聰明和成功，但過去的經驗和少數人的回饋卻讓他形成了一種很明顯和自我局限的形象：「我不是一個有策略的人，我是一個做事的人。」如果不加以挑戰，這種簡化的假設很可能嚴重限制他未來的職業發展。

史塔瓦奇提出以下挑戰，幫助賈斯汀擺脫對自我形象的限制：「暫時關閉你分析和實際的自我，把空間留給你的直覺主導。現在來談談你的組織未來的方向。」當賈斯汀這麼做的時候，他想出了一些非常厲害與了不起的策略主意。史塔瓦奇指出了這一點，並幫助賈斯汀擴展他對「有策略」意義的感覺，還發現他可以用自己的方式來做的方法。隨著賈斯汀開始修正自我形象，也為他創造了更多的機會，讓他朝向出乎意料的新方向成長。

透過突破賈斯汀有缺陷的假設，史塔瓦奇幫助他以根據這種優勢，同時還能為公司帶來利益的方式，進入了新的工作。他在提出簡單有力的問題時變得更有自信，並在有關文化和員工參與度的談話上，開始遵循他強烈且以人為導向的本能，包括對任務了不起的知識，以及持續進步的策略直覺。

史塔瓦奇最喜歡的一個教練口頭禪，就是「**擺脫應該！**」她力促客戶忘記他們以為應該成為的身分，以及應該做的事。相反的，她請他們了解自己的真實身分、有哪些真正存在的機會，以及他們在未來幾週、幾個月和幾年裡真正想完成的事。像這樣的指導介入措施，可以幫助人們進入一種愉悅、事在人為的心態，這也有助於他們充分利用彈性的力量帶來的好處。

鼓勵實驗

教練在促進實驗上有獨特的地位。身為教練，你可以強調學習心態、尋求回饋以及反思等概念，並向受指導者展示，在探索解決職業和生活問題的方案時，這些想法有多大的幫助。

我研究的高階主管教練會以許多方式協助激發關於實驗的想法。布魯切克喜歡建議客戶尋找他們敬佩的領導者，看看他們是否可以嘗試這些領導者最有效的行為。史塔瓦奇則建議客戶反思自己的生活，尋找他們投入實驗的時間，也許他們當時甚至沒有完全察覺：「你在什麼時候嘗試過新東西？發生了什麼事？你從中學到了什麼？你今天有沒有可以嘗試的類似的事？」她還激勵客戶**將大構想拆解**成更小的「一口大小」，讓他們覺得不那麼令人氣餒且更容易測試的小部分，以幫助客戶找到可行的實驗想法。這樣的想法可以幫助受指導者培養出有利實驗的開放又有趣的態度。

優秀的高階主管教練還會利用廣泛的商業經驗和知識，幫助客戶開發實驗性的想法。如果客戶感覺特別困惑並且存在明顯的知識差距，布魯切克有時候會分享其他領導者在類似情況下的例子，提出客戶或許可以嘗試的策略。史塔瓦奇借鑒了她在不同功能領域的經驗。「我可以在他們所處的領域配合他們，」她說道：「如果他們在談行銷或製造和供應鏈，我可以討論這些話題。如果他們在談組織，我也可以談論組織。我待過這些領域，所以有一種流暢性。」她的流暢性有助於她指出該進行哪些潛在的實驗，也通常會以她最喜歡的建議方式提出：「何不試試這個？」

你的特定業務專長可能與高階主管教練不同。但每個人都有一套獨特的個人經驗，可以在幫助他人思考面臨的挑戰時提供出來。針對受指導者一直努力卻無法解決的問題，即使只是提出另一個角度，也可以在打破思維僵局上發揮作用。本著開放探索的精神，請毫不猶豫地提供自己的想法和經驗，幫助受指導者發展新思維方式，甚至可能是令人大開眼界的實驗方法。

協助建立一個關於成長的論述

最後，詢問之所以有價值，正是因為它可以用來強化受指導者關於成長的自我論述或身分認同。身為教練，尋找提出下列問題的機會：「本週你學到了什麼？你在學習什麼新技能？你有什麼新的見解？你成長得如何了？」這些也是很適合在你進行彈性思考時問自己的問題！

這樣的問題很重要，不僅是通往有成果的談話的跳板，也讓受指導者將成長和進步視為自我的一部分，這本身就是個人發展的重要因素。[2] 透過幫助受指導者將自己視為還在成長中，並提醒他們所取得的進步，你就是在幫助他們迎接未來的挑戰，並讓他們得以學習和成長。

幫助他人克服成長障礙

和每項真正有價值的活動一樣，彈性的力量往往不容易實現。做為其他人學習這項新技能的教練，你會想要留意一些可能讓它變得困難的障礙。在此，我們的專業高階主管教練再次分享寶貴的見解，以幫助學員克服他們面臨的問題。

克服完美主義

史塔瓦奇指出，完美主義是學習和成長最常見的一個障礙。「人們會變得非常執著於追求完美主義，」她觀察道：「因為完美主義在他們一生大部分時間中，都在成就、認可和財務安全方面，提供了很大的幫助。」沒錯，決心做好每件事，對任務細節進行微觀管理，希望工作盡可能接近完美，並本著同樣的精神避免接受任何你不能投入的工作，這種想法如果運用得當，可能會產生出色的結果。

但當一個人嘗試以完美主義的態度處理工作或生活中的所有事情時，開放式的學習、成長和實驗就變得幾乎不可能了。畢竟，根據定義，實驗就代表著，即使結果並不確定，而且真的有可能失敗，也會去嘗試新的作法。

克服對完美主義的執著，往往需要一些內在的探索。你可能需要問受指導者像這樣的問題：「是什麼因素讓嘗試新作法變得困難？它會引發什麼樣的擔憂或焦慮？如果你嘗試新作法並且失敗了，會發生什麼事？如果你得到不夠完美的結果，你的自我形象會受到怎樣的影響？」哪怕只是談論完美主義的情感基礎，都可以幫助受指導者擺脫這種感覺的束縛。[3]

在其他情況下，你可以幫助受指導者討論當前工作或生活中的挑戰，以尋找「安全地帶」。這個安全地帶風險很小，可以緩和完美主義者的本能。並不是我們承擔的每一項任務都攸關生死。大多數的人都能找到機會，去嘗試新的策略與練習新的技能，而不會對長期的成功或聲譽造成威脅，身為一名教練，你可以幫助他們找出這些機會。

注意並因應負面心思的喋喋不休

在帶領指導課程中，史塔瓦奇和布魯切克會仔細聆聽客戶在描述目標和實驗時產生的喋喋不休的心聲。人們談論他們學習和成長的企圖時所說的話，往往會透露出他們的思考方式，而這可能對他們的行為產生重大影響。

舉例來說，史塔瓦奇會仔細聆聽，找出暴露出潛在缺乏自信的評論，例如「我懷疑我做得到」和「我不知道該從哪裡開始」等。布魯切克則會密切關注暴露了堅持固定心態而不是學習心態的線索，例如「我永遠都不會成為一個好的交際者」或「和她配合根本毫無意義！」

你可能會驚訝於固定心態是多麼普遍和根深柢固。我曾經諮詢過一所著名獨立高中的校長，該校為高年級學生開設了領導力課程。在我們討論這門課程時，校長說了讓我吃驚的話：「我很小心注意讓哪些人學這堂課。我只想讓真正的領導者來學習。」我很訝異聽到他提起這些十七歲孩子的口氣，彷彿他們的領導潛力已經固定，而且可以準確衡量出來，但這種想法已經被研究證實是錯誤的。只是這些想法在美國企業界和其他地方仍然很普遍。

有效能的教練會使用口語和其他線索，來找出這些負面的看法，並與客戶一起探討可能的心態調整。他們會問客戶這樣的問題：「還有其他可能性嗎？」「考慮到你想做的調整，這種心態對你的幫助有多大？」以及「你認為有沒有可能用不同的心態進行實驗，並觀察其效果？」

尋找小贏的機會

身為教練，針對似乎很難或不可能在他們的環境中改變，而對練習彈性的力量猶豫不決的受指導者，可以幫助他們找到初期就容易成功的事開始。我在密西根大學的同事卡爾．韋克（Karl Weick）把這個作法稱為「小進展的心理學」（the psychology of small wins）。[4] 小進展是有中等重要性的具體結果。就其本身而言，它可能微不足道，也可能很重要，因為它觸發了可能有利於取得下一個小進展的力量，包括獲得更多知識或找到有價值的盟友。隨著時間經過，**小進展的積累可以帶來較大的勝利**。韋克將這種哲學應用於社會變革的追求，但也可以在個人心理學中發揮作用。

布魯切克就喜歡對客戶採用小進展策略。她舉例說：「如果他們想增進尋求回饋的技能，我可能建議他們從感覺比較安全的人開始練習，當他們感到更自在時，再逐漸接觸其他人以建立尋求回饋的關係。」

史塔瓦奇以這個方法描述了相同的作法：「我的一些客戶在進入新職務或面對重大的新挑戰時，需要有大實力。我們必須一次完成一點，小幅度增加。這會讓他們對成長感到舒適，然後隨時間經過達到目的。」

鼓勵受指導者使用所有可用資訊

有時候受指導者可能會過分關注經驗中產生的特定回饋，而忽視了其他意見來源。例如他們可能過於關注負面回饋而忽略了正面回饋，或相反的，他們可能過分關注暗示成功的回饋，而忽略了指出問題的回饋。

布魯切克觀察到，人們往往只關注來自一個利益相關者的回饋，這個人通常是他們的上司。相對的，她鼓勵在尋求自我察覺，了解別人如何看待他們並據以設定發展目標時，還要考慮到所有不同的利益相關者，包括上司、下屬和同事。她經常使用的一個有用工具，就是**三百六十度回饋法**（360° feedback instrument），可以從多個利益相關者收集量化資訊。兩位教練還會盡可能透過質性訪談來補足上述工具，這讓他們能更深入了解客戶的個人優勢和弱點，讓他們更明白他們想要幫助的人給其他人怎樣的感受，也讓教練仔細觀察其他人對於他們的受指導者，有哪些說出來和沒有說出來的評論。如果你在指導某人時可以使用此類工具，請善加利用它們提供的資訊。

還可以考慮使用我在第三章提到的工具：反映最佳自我練習。[5] 這兩位教練都有使用。它是專門為確定個人的優點而設計的。要使用這個工具，受指導者要向與他們有互動的二十個人發送一封簡短的電子郵件，這些人可以是同事或客戶、社群成員以及朋友和親戚等。電子郵件會問一個簡單的問題：「告訴我一個你感覺我表現最好的時刻。」身為教練，你可以幫忙確認特定的主題、行為傾向、表現方式、介入風格和其他重要特徵。目標是透過清楚確定他們可以建立的優點，來幫助受指導者設定的成長目標。最近的研究顯示，這種練習也可以在團隊產生強大的效果。當人們了解自己的優點時，就不會過度關心社會接受度，而更願意去分享團隊卓越表現所需的資訊。[6]

努力管理困難的情緒

由於恐懼、挫折和焦慮往往是不願意嘗試的根本原因，所以指導關係的一部分就是幫助人們理解這些困難情緒，並設法克服它們。

有時候，解決方案從不同的實驗框架和不同的心態就開始了。史塔瓦奇透過提出一些問題來提醒，例如「所以為什麼不呢？」和「會發生什麼最糟糕的狀況？」像這樣的問題直接訴求自我的思考能力，有時候可以超越自我的情緒。

在其他情況下，史塔瓦奇發現，讓人們談論並開始處理他們的困難情緒，也是解決問題的有效步驟。舉例來說，她偶爾會請一名飽受內疚或焦慮折磨的執行長客戶寫一張便條，上面寫著諸如「我特此允許自己休息一天」，或「我允許自己在會議上被問到問題時回答：我不知道」。親筆寫一份這樣的聲明然後簽字，在減少某些與個人實驗相關的內疚和焦慮方面有著出人意料的效果。

使成長成為一種習慣

布魯切克將她擔任教練的最終目標，定義為形成與受指導者的理想自我一致的新習慣。她想讓她的客戶「嘗試解決方案，並獲得一些重複使用的機會，好讓他們在大腦中建立新的神經通路，並讓這些通路隨著時間經過逐漸成為習慣。」

可惜的是，要實現這一點可能非常困難。一個強大的工具是讓布魯切克稱為**責任夥伴**的人共同參與，這是一個定期提供回饋意見和鼓勵的人。

舉例來說，你的責任夥伴可能是一個與你一起參加每週會議的人，你可以在會議結束後問他「會議進行得如何？你讀到了什麼訊息？幫我指出我沒看到的事。」最好的責任夥伴會完全站在你這邊、支持你，不評判你。責任夥伴可以在一個人覺得很難相信自己的時候，仍然相信這個人並幫助他。找到合適的責任夥伴非常關鍵。

史塔瓦奇指出了擁有責任夥伴在兩方面的好處，而這是她經常為客戶扮演的角色。首先：「這是你做為一名領導者所能採取的最有力的一個行動，因為你展示了學習心態：你展示了你希望其他人也能接受的對於學習和改變所感受的脆弱性以及開放性。」

其次：「這對責任夥伴來說是一個極好的成長機會。他們必須真正注意你和這一個空間裡的各種動靜，觀察其中的意義，然後給你回饋。對於任何管理者和領導者來說，這些都是需要培養的重要技能。」

結構在養成成長習慣方面也扮演著重要角色。訓練他人產生一種自然的節奏，可以與彈性的力量搭配得很好。當教練和受指導者每週、每兩週或每月定期會面時，他們可以透過「做、評估、做、重複」的順序一起工作，為反思和思考創造一個自然空間。節奏則建立在責任感上。這種結構還可以輕鬆將需要的行為改變拆解成小塊、利用每次會議來設定新的目標、定義新的實驗，並根據需要調整優先順序。

假設你不是一名高階主管教練，你可能或可能無法建立這種常規結構的教練關係。例如，如果你是一名指導下屬的企業老闆，可能沒有足夠的餘裕承諾參加每週的會議，在這種情況下，如果組織能建立一種由人力資源支援並融入組織更大的企業文化的一種系統化的方法，那將會很有幫助。我們會在接下來的兩章討論這些議題。

進行自己的彈性系統

史塔瓦奇說：「我認為最好的教練是那些總是努力訓練自己的人。」當要求詳她加說明時，她解釋道：

你出現在與客戶的每一次互動中，你需要確實理解你什麼時候妨礙了談話。你需要察覺你的無意識偏見，以及它們如何影響你對客戶的推動行為。因此，教練只能透過了解自己的內在進化，才能真正幫助客戶。

史塔瓦奇的這個觀點不僅適用於高階主管教練，也適用於任何想要幫助他人學習和發展的人。如果你真的想幫助別人成長，就要積極投入和打造自己的成長。

幫助他人彈性：一個教練的指南[7]

開始：給教練的問題

- 你採取了哪些步驟，為受指導者創造一個安全的空間，讓他們充分探索問題？
- 你能做些什麼來創造高品質聯繫的潛力？
- 在你的培訓課程中，你該如何強化自己的能力，讓自己真正完全投入，而不是透過電話或者回覆電子郵件等方式出現？

- 你能設定什麼界限，讓你和受指導者都知道該期待些什麼？例如你是否指定你們在一起練習的時間多長，以及預期的會面頻率？
- 你是如何用讓受指導者知道你有完全投入的方式，來證明你有專心聆聽，例如透過複述你所聽到的內容？
- 你以什麼方式向受指導者提供安全保證，例如嚴肅的保密承諾？
- 受指導者送出了哪些他們在目前經驗中的心態的線索？你是否察覺到可能需要解決的問題？

參與過程：教練可能會問的問題

提高他們的注意力

- 在努力成為你最想成為的領導者過程中，你需要解決的最重要問題是哪一個？
- 你目前感到最痛苦的問題是什麼？
- 根據明顯回饋和隱性回饋的結果，人們目前對你的體驗為何？
- 在目前情況下，你付出什麼代價，舉例來說，你的人際關係或情緒的代價？
- 在你目前的情況下，其他人是否有任何察覺到的成本？
- 在目前的情況下你有什麼好處，例如減少憤怒的表達有什麼好處？
- 你希望其他人對你有什麼樣的感受？在你目前的情況下，你認為你想成為的領導者會怎麼做？
- 你如何用簡短的幾句話，來定義你目前想實現的最重要目標？

敦促實驗

- 現在要做什麼？你能採取什麼行動來解決目前情況中的問題，並實現你的目標？
- 在實現整體目標的道路上，你可以追求的「小進展」有哪些？
- 如果你不害怕，你會嘗試什麼實驗行動？
- 你如何知道你的實驗是否有效？哪些指標會顯示成功？
- 你如何將責任感納入實驗計畫？是否有一個你想招募的責任夥伴，可以對你提供回饋，並幫助你保持正軌？

評估和鞏固進展

- 你選擇的工作環境現在感覺如何？
- 你有沒有收到能讓你改進的回饋？你有沒有收到反映新挑戰或持續挑戰的回饋？
- 你有沒有發現與以前不同的新反應？
- 你可以向誰尋求回饋，舉例來說，使用這樣的問題：「我一直在研究X（例如：我的聆聽能力是否更開放）。還好嗎？」
- 你該如何創造一個讓其他人感到安全，可以向你提供回饋的情境？
- 你在接受他人提供的回饋方面做得如何？你的語言和非語言信號是否反映了你對回饋的開放性？
- 根據到目前為止發生的情況，你下一步可能會嘗試什麼？
- 目前的目標是否仍然適用？有沒有任何新的事情發生，暗示了不同的目標？如果有的話，是什麼目標？

自動彈性：自救的教練指南

雖然本章的重點是幫助他人學習和成長，但這些問題對於沒有教練只能靠自己幫助自己的個人來說也很有用。

下列許多問題反問在自己身上其實也很適合，當你開始進入正確的探索心態時，不妨先使用下列問題：

開始

- 現在是進行自我指導的合適時機嗎？
- 你能讓自己進入一個善待自己的空間，好讓你充分探索問題嗎？
- 你是否能夠全神貫注，而不是滑手機、看電視，以及回覆電子郵件等等？
- 你能承諾對你的所有想法和情緒保持開放心態，並解決你的問題嗎？

投入過程

現在你已經處於正確的腦內思緒空間，請使用上面的問題來繼續你的自我輔導。

Chapter

10

讓公司彈性起來

依據彈性的力量原則制定員工發展計畫

彈性的力量的美好與價值大致上是因為「由員工主導」（employee-owned）這件事。你可以決定投資多少於自己的成長和發展，並在整合及鞏固所有學到的經驗過程裡，控制所有促進支持成長的因素，而且這一切都不需要別人的指導或鼓勵。能享受這種自主權非常好，尤其是現在的世界，人們更頻繁地從一個組織轉移到另一個組織，還有數百萬人以創業者、自由工作者和獨立承包商的身分獨立工作。

但是運作良好的組織都應該會意識到，擁有持續學習、發展和成長的團隊成員的價值。這種組織可以透過採納、支援和加強彈性的力量，將其當作員工發展的一部分，而獲得巨大的利益。然而，這需要一種關於如何鼓勵、傳播和培育人才的新思維方式。這種彈性的力量背後的心態，與公司及其人力資源部門傳統上處理領導能力發展的方式形成鮮明對比。

領導力發展的新模式：以彈性的力量為基礎

組織很在意領導能力的發展，非常在意！麥肯錫公司於二〇一四年做的一份報告，對該領域的描述如下：「多年來，各組織在增進管理者的能力和培養新的領導者方面，投入了大量的時間和金錢。僅是美國公司每年就在領導力培養上投入近一百四十億美元。」[1]然而，儘管投入如此龐大，領導力仍然被認為是全球組織面臨的首要人才問題。在勤業眾信所做的一項調查中，八六%的受訪者將這個議題視為緊急或重要。[2]此外，當五百名高階主管被要求列出他們認為最重要的三大人力資本優先事項時，近三分之二的受訪者認為領導力發展是他們最關心的議題。雖然組織領導者認為各級主管的發展極其重要，但只有一三%的人認為，他們已經做得很好。[3]

問題從大多數組織應用在其領導力培養工作的基本方法開始。大多數的公司採用區隔少數策略，只選擇一小部分人做為高潛力員工，並在他們的身上投資。雖然這種策略對於招聘和雇用最好的程式設計師、行銷人員和經理在短期內可能奏效，但並不適用於在整個組織中建立今天所需要的領導幹部群，而這卻是目前最主要的策略。在最近對八十家以致力於領導力發展的公司進行的一項研究中，有四二%的公司表示，高潛力人才占公司總人數一至九%，這表示這些公司將高達九九%的員工視為不值得培養領導力的「非領導者」。另外三五%的公司則將高潛力員工的比例設定為一五%。儘管這種篩選過程的結果可能永遠不會公開披露，「絕大多數員工都知道自己屬於哪一種身分，不管是否被正式告知。」[4]因此，超過四分之三的組織會對八五%的員工說：你的領導力是不被需要或鼓勵的。

這種策略在歷史上可能有一段時間是有意義的。在工業時代的經濟環境中，階層分明的組織創造了競爭優勢。決策由高層的一個小組做出，然後透過指揮和控制過程傳達下去給組織其他單位。在一個教育、資訊和管理技能僅限於相對少數人的世界裡，這種方法通常能奏效。但在今天複雜和充滿活力的世界中，它會失敗。這個新世界要求組織應付的是複雜、模糊且快速變化的問題。在這種世界中，組織需要接近行動的人去投入和主動：能適應新興技術創新的資訊科技專業人士、能察覺客戶偏好和需求新趨勢的客戶服務專家，以及能夠掌握員工不滿情緒脈動，在士氣的小問題變成大問題前就點出問題所在的第一線人力資源人員。簡言之，如今的組織需要更多像領導者一樣思考和行動的人，但傳統區隔少數的領導力發展策略，卻讓廣泛培養領導幹部群的可能性大為降低。

更糟糕的是，證據顯示，大多數公司甚至沒有為這種選擇性發展計畫挑選合適的人選。領導力發展專家傑克．詹勒（Jack Zenger）和約瑟夫．霍克曼（Joseph Folkman）最近分析了三家公司的資料，這三家公司認為，五%的員工有很高的領導潛力。根據三百六十度評估結果，這些學者發現，有四二%被列為高領導潛力的人，實際上在領導效能方面低於平均水準，一二%的人更是落在組織員工評估結果最差的四分之一員工級距裡。[5]他們將這些糟糕的選擇結果歸因於組織傾向於選擇擁有高超技術、對結果有強烈追求動力、履行自己的承諾，以及符合企業文化的人。雖然這些屬性對一個人的領導能力有一定的影響，但卻不如更核心的領導技能，例如適當授權、良好影響和推動必要變革的能力等來得重要。所有進行差異化員工的公司，會將數不清的員工排除到不適合領導力培育的類別，但他們實際上可能比少數幾個受到青睞的人更有領導潛力。這是多麼可悲的人類潛能的浪費啊。

百事可樂公司全球人才評估和發展資深副總裁艾倫．丘奇（Allan Church）一直主張採用不同的方法。他認為**公司需要透過衡量學習和成長的能力，來識別具有領導潛力的人**。[6]也許該是時候把這種能力放在我們領導力發展工作的中心了。與其選擇少數人並給他們機會提升領導力，還不如幫助員工學會發展自己，並支持許多人，而不是區別少數。這種方法的一開始就是承認，任何人都可以提高他們的領導力和個人效能，無論他們的起點在哪裡。它認真對待一個發現，那就是一個人成為領導者的傾向中，只有三〇%歸因於遺傳學，並為大多數人留下很大的可能成長空間。[7]

為了讓所有員工都有機會學習領導，一種以彈性的力量為基礎的方法，可以教每個人培養自己領導潛力的方法。這種方法讓領導力成長更民主化，把潛在領導者的位置對眾多曾經「未被選中」的人開放。它抵消了相似性偏見（similarity bias）的影響，這種偏見會鼓勵管理者選擇外表、言談、行為和思維都與他們相似的下一任領導者。[8]相似性偏見往往會造成相對同質而非多樣性的領導團隊長期存在，但是在日益多樣化的世界中要面對快速變化又不可預測的問題時，正是這種團隊會陷入掙扎。

因為這種方法依賴個人的能動性（agency），所以這種認可許多人的領導力發展方法，也能增強授權感。隨著時間經過之後，員工將學會為自己做事，為自己的發展和整體成長負責。研究顯示，「當個人把自己視為成長的主要積極推動者時，他們會自己主動找機會來尋求成長。相反的，當員工把組織視為成長的主要積極推動者時，便只會等待機會降臨，例如培訓計畫或晉升。」如果他們採取更積極主動的立場，就更可能利用機會發揮領導專長。[9]

這種方法還避免了傳統區隔少數領導力培養方法的一些自然缺點。當八五%的員工被告知他們不值得投資時，就有可能變得不滿、缺乏動力，且對組織的向心力也會減少，許多人會對公司選擇的少數人產生強大的敵意，衝突、怨恨和沮喪都是自然的結果。給每個人自我發展的能力，可以把這些問題減到最少。

由於這些原因，投資許多人的領導力和個人效能計畫，對員工具有吸引力。我們生活在一個越來越瞬息萬變的就業市場中，在這個市場中，人們在職業生涯中會從一家公司轉移到另一家公司，有時候甚至會從一個行業轉移到另一個行業。如果個人必須在競爭激烈的就業市場中不斷推銷自己，那麼學習如何成長和發展自己的領導力和個人效能，就變成一項特別重要的生存技能。啟用和支持這種能力的公司，將比不這麼做的公司更受歡迎。

這種新的領導力發展方法需要將思維轉變為我的同事克里須納・薩法尼（Krishna Savani）所說的「領導力的普遍心態」（universal mindset regarding leadership）。[10]它還需要將領導力發展看成一個從必須停止工作去其他地方學習才能得到的思維方式，轉變為就在工作中學習，就在你無論如何都會擁有的經驗中學習的思維方式。人力資源部門可以在促進這種轉變發揮重要作用。他們可以採取措施，讓員工、經理和領導者參與採用彈性的力量，讓組織中的每個人都能享受到它的好處。

新進員工就職的更好方式

在雇用的新進員工開始就職時，就可以灌輸彈性的態度。組織經常一次聘用許多員工，例如在每學年結束不久，就聘雇一批新的大學或商學院畢業生。接著組織會讓他們參加一個輪調計畫，在組織各種職能中短期工作。這種計畫也可以透過彈性調整而大幅加強。公司可以在這些新進員工進行第一次工作輪調之前，將他們召集在一起，讓他們學習成長心態的重要性、確認對他們來說最新且最相關的個人彈性目標（同時學習與他們工作的職能領域相關的技能），並說明他們在第一次工作輪調中可能嘗試的幾個實驗。

此外，新進員工還可以組成同儕輔導團隊，或者與同儕合作夥伴配對，分享他們的成長計畫。同儕教練可以幫助他們的合作夥伴釐清他們的彈性目標、為實驗產生想法，並努力保持學習心態。同儕夥伴還可以透過定期回饋和討論，協助維持高度責任感。

在第一輪工作輪調完成後，所有新進員工可以重新聚集，進行系統化反思，相互學習成功的策略和挑戰障礙。在他們的第二輪輪調，可以繼續努力在同一個彈性目標，或者轉向一個現在看起來更相關且更重要的新目標。這種聚集在一起、投入工作輪調、然後再一起反思的過程，可以在後續第三次和第四次輪調時繼續重複。

在整個工作輪調計畫結束時，這批新進員工將與進行過大多數工作輪調計畫的員工一樣，對公司及其所做的工作有相當程度的了解。但除此之外，他們還能利用他們的輪調計畫經驗來了解自己，遠比傳統的員工就職計畫能提供的多得多。他們將能找到一些個人發展機會、釐清如何才能更有效能且更像領導者、從其他新進員工中觀察到可能想要仿效的榜樣，並在反思會議中收到他們已經仔細處理過的回饋意見。

在就職流程中增加彈性作法，可以從一開始就強化員工要主導自己的發展、他們的發展對組織很重要，而且一路上都會提供支持等觀念。

它還能讓特定群體的成員之間發展出重要的知識、社交和心理連結感，以親密方式分享他們面對的學習和成長挑戰。在未來的歲月裡，因此形成的員工和領導者人脈圈全都受過彈性的力量訓練，並熟悉自我成長的過程和好處，他們就能在支持這個人脈圈裡的人進一步成長時發揮重要作用，並通過他們的榜樣，支持整個組織其他人的成長。

職涯轉型的彈性

除了幫助新進員工，對新晉升的管理者，或者從一個部門、子公司或國家遷移到其他部門、子公司或國家的員工而言，彈性也是一個強有力的工具。

正如我們指出的，轉型是彈性自然發生的時機，這是人們更開放、更適應他們對他人的影響，他們的個人能力程度，以及需要新行動和態度的時機。組織的支持可以強化和放大這些態度，讓轉型者不僅能掌握自己的新角色，還能加深對自我的認識。

一旦組織決定進行人員升遷、調動或其他轉型作業，人力資源部門就可以採取一些步驟，以支持員工透過彈性來成長。理想的計畫可能是由幾個轉型者組成一個工作小組，學習良好領導的意義、轉換到新職位牽涉到的個人效能要素，以及他們各自面對的個人挑戰。

然後每個轉型者會被要求指出一個即將到來的經驗，當作成長的來源，例如與新團隊的第一次會議、製定策略的度假會議，或者需要進行的艱難對話等。這種也被稱為**展望**（prospection）的前瞻性思考方式，已經被證明具有多種正面效果。一個測試這個想法的研究，利用了從家裡到工作場所的微轉變（micro transition），結果發現，在早上通勤期間被敦促要進行角色釐清展望的員工，會認為通勤變得不那麼麻煩、工作滿意度更高，以及離職率更低。[11] 如果展望在這麼小的微轉變中都能有這樣的效果，那麼想想看，它對更重大的組織轉型能做出多大的貢獻。

還可以對轉型者提供一份轉變檢查表，列出可以提高效能的建議行動，例如「確認並與關鍵利益相關者見面」和「就如何衡量新工作的成功達成協議」等。檢查表還可以包括彈性的力量的關鍵要素：承諾學習方向、設定彈性目標、確定實驗、尋求回饋，以及保留時間進行反思等。轉型計畫還可以納入上述新進人員訓練計畫中使用的同儕教練和系統化反思流程。

你可能會納悶，轉型計畫的效果會不會因為大家進入不同的地點和環境而大打折扣？事實上，這是一個特色而不是一個問題。與正在經歷截然不同挑戰的同事進行深入與有反思性的對話，能讓轉型者不僅從自己的經歷中學習，也能從他人的經歷中學習。

這就是我們在密西根大學觀察到的情況，當時我們為學生開辦了一個計畫，讓這些學生在學年間的夏季前往不同地點實習。在暑期實習之前，我們向學生介紹了彈性的力量，並帶他們一起完成最初的步驟。他們接著與進入不同行業和地點的其他人同組，以便得到最多元化的意見，以及減少機密性的顧慮。這些學生小組暑假期間幾乎混在一起，返回校園後，為了一個反思會議聚在一起。他們報告指出，他們接觸到的經驗多樣性，大幅提高了學習到的內容。

資深領導人如何從彈性的力量中獲益

當組織加入一名高階主管時會牽涉到很大的風險。在一家大公司裡，這種聘雇而來的主管，可能要管理一家擁有數千名員工和數十億美元收入的公司。即使是在較小的公司，新聘的高階主管也會占據一個非常有可見度的位子，掌握重要的資源，並透過他們的言行傳達重要的象徵性資訊。這個新領導者上任頭幾個月的成敗，可能對企業的長期未來產生重大影響。

考慮到所面臨的風險，最好的組織通常會將大量資源投入於高層員工的轉換中。我的一名同事就在一家非常創新的大型科技公司擔任人力資源主管，而參與了一個這樣的計畫。在一次資深員工的就職程序中，她、她的主管和新進員工的主管，都參與了為他制定的整合計畫。我同事的特別工作就是擔任這個部門的「眼睛和耳朵」。在每週與這名新進員工開會時，她會過濾從新進員工的直屬部下和同事那裡聽到的資訊，包括人們正在分享，但不想直接與他分享的回饋，並將這些資訊以有用的方式傳達給他。這種反饋非常多樣化。有時候這名新進員工的同事，會針對可能對他有用的溝通策略或領導策略，提供有價值的詳細建議。有時候他們會提出很簡單的評論，例如「我希望他有時候會問問我的小孩！」

我的同事參與的高階人員新人訓練過程，以理想的彈性活動節奏為特色，一次定期會議後接著投入現場行動，然後又是一次會議進行反思。刻意實施彈性的力量，可以將這些會議變成確認彈性目標的機會，就實現這些目標的實驗進行集思廣益的討論，並就取得的進展和仍然存在的問題分享回饋。沒錯，這是一種資源密集式的方法，只能在公司最高層級使用，這種方式中有專門的人力資源專業人員，可以進行一對一的輔導。但是它利用了新進人員反正一定會遇見的經驗，並將這些經驗轉化為提升領導力和個人效能成長的機會，藉此來強化學習。

把彈性當成跨文化參與的工具

暫時生活和工作在一個與你自己完全不同的文化中，代表有許多需要和促進個人學習、發展和成長的內容，它具有挑戰性，需要溝通、合作和領導能力，即使在這個情況下的人際和文化界限，讓完成這些任務異常困難。所以不足為奇的，全球化的公司已經開發出一系列方法，以幫助管理團隊做好準備，充分利用國際任務派遣機會。這些方法包括：

- **短期模擬**，在此類模擬活動中，團隊成員透過角色扮演和嘗試練習，來發展特定技能；
- **行動學習**，團隊成員練習情況分析技巧，以確保他們盡可能地提高個人效能技能；
- **志願服務**，領導者參與外國文化的服務專案，藉此培養全球化思維和接受多樣性。

好消息是，彈性可以用來補充和增強所有這些方法。

我在密西根大學的同事凱文．湯普森（Kevin Thompson），向 IBM 的領導高層介紹服務工作團（Service Corps）這個觀念。這個觀念就是派遣高階主管到世界各地進行為期四週的工作，與和平工作團（Peace Corps）的作法一樣，進行目的在幫助偏遠社區的計畫。當湯普森首次提出這個想法時，他說自己「被笑著請出了房間。」但當時的執行長彭明盛（Samuel Palmisano）卻把在IBM的高階主管和管理層中培養更多的全球化思維，當作一項主要的策略優先事項。突然間，讓一隊高階主管投入時間在國外服務工作的想法，變得更有意義了。

這個計畫在那之後不久就展開了，並且一直持續到今天。透過服務工作團的概念，IBM高階主管對世界有了更廣泛的了解，這有助於他們克服通常偏於狹隘的心態。他們也得到在跨文化團隊中進行緊密工作的機會，並處理團隊發展和衝突解決等議題。[12]

可口可樂公司的唐納德基奧高階主管領導力學院（Donald Keough Executive Leadership Academy）雖然不是專注於志願服務，但也為需要提高全球化意識的高階主管提供了一些相似的利益。可口可樂公司的領導者花六週的時間，沉浸在公司全球業務的各個層面，培養新技能、更深入了解自己的強項和弱點，並與分享這些經驗的同儕建立持久的革命情感。[13]

IBM的服務工作團和可口可樂的唐納德基奧高階主管領導力學院，都是提高管理者全球化能力的有效工具。但考慮一下，如果這些計畫的參與者在整個過程中都投入彈性作為，他們可以多學到多少。舉例來說，如果他們聚在一起，進行可以讓他們形成學習心態，幫助他們為自己設定彈性目標的練習，例如在從事志工任務時提高影響力或更仔細地傾聽。想像一下，如果他們能夠成為彼此的責任夥伴，提供發展回饋，並共同反思學到的教訓，他們能建立起怎樣的革命情感和互相學習。

我幫助人們進行領導之旅的經歷告訴我，許多管理者渴望在工作中對他人做出更內心的承諾，也渴望自己與世界有更深入的學習與成長過程。採用以豐富文化為目的並以彈性的力量為內裡的成功計畫，將提高他們個人技能發展的潛力，同時還可以鞏固將自我發展當作首要任務的心態。

人資在打造彈性工具的作用

人力資源部可以發揮的另一個關鍵作用，就是打造支持彈性的工具。

蕾哈·金尼爾（Leigha Kinnear）是一名學習設計專家，在數家機構中擁有多年經驗，但她一直對幫助人們學習這項挑戰感到沮喪。她知道從經驗中學習，然後將這種學習轉化為更高水準的效能，是數百萬人需要培養的一項關鍵能力。但她卻發現，想把這些技能傳授給別人非常困難。「我完全知道該如何傳達領導力發展的基本要素，」她說道：「但是教人們如何學，卻是如此的不確定。」金尼爾多年來一直對這個問題很苦惱。

金尼爾後來發現了彈性的力量的框架，終於提供了她需要的結構。一位需要人才開發工具並熟悉彈性的客戶，聘請金尼爾針對每個彈性能力建立工具包，並創作討論指南，讓管理者可以用來幫助下屬發展彈性技能。金尼爾開發的工具包包括練習、推薦的影片和文章、活動以及實驗建議等。

從金尼爾的經驗我們會發現，人力資源部門可以幫助員工利用彈性來促進個人成長和發展的另外一種方式，那就是成為公司內部工具的開發來源，而這些工具的目的是讓彈性成為員工日常活動的一部分。

舉例來說，人力資源部門通常會發布能力清單，例如「為了讓自己在組織中更有效益，領導者需要做的十件事」。讓這種清單包含源自於彈性的力量的策略，是一件很簡單的事，因為彈性的力量可以協助領導者隨著時間提升能力。這些和其他由人力資源專業人員設計或客製化的工具包，可以整合彈性的力量系統的完整功能，或專注於選出來的部分要素，例如培養學習導向心態、確定彈性目標、設計實驗、尋求回饋或反思。

這些概念也可以納入公司的新進員工就職訓練計畫、年度檢討和評估流程，以及其他傳統人力資源職能。其結果將有助於確保，在組織的支持下，個人的持續發展在每一個人的應辦事項上都很重要。

公司也可以在營利性企業以外的環境中，提供寶貴的訓練和支持。非營利組織、社群團體、學校和大學、宗教機構以及許多其他類型組織，都可以開發和傳播彈性計畫和工具，讓其成員和同事可以用來促進自己的個人成長。

這件事現在正在我任教的密西根大學羅斯商學院中發生。桑格領導力中心（Sanger Leadership Center）支持致力於「加速領導者發展」的研究和實務，並使其更廣泛地適用於更多情況。桑格領導力中心的員工面臨著與多數組織相同的問題：你如何讓忙碌的人關注自己的領導能力？以桑格領導力中心的員工為例，他們就忙於傳播課程資訊、尋找工作、規畫社團活動等之類的事情，他們發明的是一種他們稱為桑格領導力之旅（Sanger Leadership Journey）的巧妙課程結構。

該課程鼓勵並讓學生能夠透過利用MBA課程期間的經驗，掌握自己的個人化領導力發展歷程，不僅形成他們的概念和分析工具，也培養他們的領導力。桑格領導力之旅是一個五步驟的系統，包含了構成彈性的力量的大部分基本思想和實務，包括目標設定、實驗和反思。

桑格領導力中心的員工還開發了例如我會在這裡描述的支援機制，用來幫助學生完成個人領導者學習之旅，其中包括一本旅行手冊，這是讓學生記錄反思和各種評估的地方。以證據為基礎的領導者行為百科全書，供學生查找經過驗證的領導者行為，可以當作測試的實驗。以及全年度同儕輔導小組，以支持學生的領導力之旅。

各組織的人力資源部門和領導者可以仿效這些實務，幫助員工塑造和支持自己成為更有效領導者的旅程。

同儕對同儕的彈性方案：人資如何提供協助

在條件合適的情況下，公司的人力資源部門可以透過跟隨而不是領導的方式來支持彈性。以下是一個組織的故事，告訴我們它可以如何發生。

第六章介紹到的湯米・懷德拉是那種別人會形容為「積極進取」的人。在密西根大學研讀大學學位時，他主修神經科學，並擔任兄弟會主席。畢業後，他一邊努力完成週末班的MBA課程，為麥肯錫的諮詢工作做準備，一邊在密西根大學的密西根醫學中心展開了為期三年的金融發展計畫（financial development program, FDP），這個計畫有雙重目的，為健康系統的財務工作做出貢獻，同時促進計畫參與者的個人發展。

當懷德拉在我的網站上讀到關於彈性的力量時，他要求與我會面以了解更多。他認為這可能是一個完美的工具，可以幫助那些參與金融發展計畫的人實現他們自己的個人發展計畫。

然而，當懷德拉第一次向金融發展計畫夥伴中的其他實習生說明彈性的力量時，即使是他特有的充滿活力的熱情，也無法讓場面活絡起來。他的同事以茫然的目光和幾個白眼當作回應。當他稍微催促他們，要求每個人設定一個個人發展目標，並分享為了實現這些目標可能做的事情時，他們就編了幾個目標，彼此聊了幾分鐘，只是為了安撫他。「這真的讓人很不舒服。」懷德拉回憶道。會議很快就結束了。

愛絲嘉・柯沛斯（Asja Kepeš）是懷德拉在金融發展計畫的一名同事，和其他部分人一樣，當她聽說彈性的力量時也感到有些忐忑。「當時是在金融發展計畫的早期階段，」她說道：「與團隊中的同儕分享我的發展領域，我還不是很自在。」柯沛斯是金融發展計畫中唯一的女性，更是於事無補。「身為金融圈的女性，」她解釋道：「我覺得有必要不斷證明自己。所以在我的男性同行面前顯得脆弱，不是我喜歡的事情。」懷德拉的想法讓她覺得是一種「強迫的脆弱感」，這讓她非常不舒服。

然而，柯沛斯並沒有簡單地將懷德拉的發言當作浪費時間，而是去找他分享了她的擔憂。在回應她的擔憂時，懷德拉邀請她協助創造一個更有利於分享脆弱感的環境。他們一起做了另一份簡報，讓彈性的力量在他們的工作環境中有更好的架構。他們還努力設計了一個彈性計畫，為金融發展計畫參與者提供有效的發展空間。他們將計畫設定為每季舉行一次，參與的實習生要為每一季的發展選擇一個目標、針對這些目標採取行動，並在當季尋求回饋意見，然後在季末進行反思。

他們還重新調整了彈性的流程，以適應他們部門金融發展計畫參與者的需求和脾氣，在努力培養安全感和深入對話的同時，向同事保證他們可以選擇自己的脆弱程度。他們甚至發明了自己的詞彙，讓彈性的概念適合他們的「金融腦」。**實驗**更名為**策略**（tactics）。用來設定目標的每季小組會議稱為**方法會議**（approach sessions）。他們還在流程中增加了一對一回饋，為每個參與者搭配一名合作夥伴，在整季內提供責任感和支持。合作夥伴可以自行設定交談頻率，但被要求承諾至少召開兩次會議，一次在當季期中，另一次在接近季末，就在下一季的方法會議之前，他們將這兩次會議稱為**深度探討**（deep dives）。懷德拉和柯沛斯向團隊介紹了這個新概念。團隊成員覺得嘗試一下也不會有太大損失，於是同意了。

結果相當令人滿意。參與者也出席了季末的交流會議，準備分享他們下一季的目標。這些目標都是個人化且多樣化的，從「提高演講技巧」到「學習更簡潔地描述想法」，以及「掌握 VBA 程式設計語言」和「邀請五個人共進午餐」等。在交流會議上，實習生發現，傾聽彼此的經驗具有真正的價值，例如有些人發現其他人已經實現了自己現在設定的目標，這為他們在下一季設計實驗時提供了一些見解。懷德拉和柯沛斯帶著驚訝和自豪看著這個結果。他們可以感覺到這裡充滿了能量，討論的聲音越來越大，大家在與同事交談時也狂熱地做筆記。會議持續了很長時間，大多數與會者離開時都感到精力充沛。

在為期三年的金融發展計畫的第一年裡，參與了彈性過程的人表示，對自己和自己的發展有更好的了解。他們還建立了更強烈的共享社群意識，這有助於這些高成就的人關注自己的個人目標。「在生活中，我們會為自己設定遠大的目標，」柯沛斯說：「但有時候如果你不專注於這些目標，就可能因為日常工作而半途而廢。彈性的力量幫助我們在日常生活中整合我們的目標，並啟動小目標。」

亞歷克斯（Alex）是一名管理者，也參與了先前的金融發展計畫，他指導了這一年的一些參與者。隨著時間過去，他注意到有些事情正在改變。他指導的人身上有了不同的火花，他們帶著更強烈的目標感開始工作，而且似乎主導了自己的發展。就連他們提供回饋意見的能力也提升了。亞歷克斯決定親自嘗試一下彈性的作法。「我認為就只是設定了策略方向，就已經能實現更多的目標，」他說：「為實現目標設定一個架構，並將其納入日常的談話中，而不是每半年或每一季反思一次，真的更容易實現目標。」

由懷德拉和柯沛斯建立的金融發展計畫彈性計畫，大幅依賴同儕對同儕的指導，而不是來自經驗豐富且有資格的教練協助。專業教練通常對這種方法持懷疑態度，事實上，它確實不能替代與受過訓練的教練的一對一關係。但正如金融發展計畫的彈性計畫所顯示，當同儕與同儕互動時可以產生大量的能量、指導和發展。

在組織內部，人力資源部門也可以透過支持和指導由同儕驅動的彈性計畫，而發揮重要作用。他們可以鼓勵組織中的特定群體發起此類計畫，提供相關關鍵指導技能的現場或線上資源，例如傾聽、創造安全空間和提供回饋意見等，還可以建議主題和活動，並為彈性團隊創造機會，以分享其他團隊可以從中學習的成功或挑戰的故事。

在他們的暢銷書《學會改變：戒除壞習慣、實現目標、影響他人的9大關鍵策略》（*Switch: How to Change Things When Change Is Hard*）中，奇普・希思（Chip Heath）和丹・希思（Dan Heath）兩兄弟認為，試圖透過中央規畫和組織來實現變革，可能是錯誤的。相反的，要尋找已經發生正面變化的亮點，然後投入去支持和滋養它們。[14]

懷德拉和柯沛斯就是兩個亮點。也許人力資源部門能做的一件最好的事情，就是找出組織中的這些亮點，並幫助他們成長。

在開闢一個更注重經驗、更個人化的領導力與個人效能發展之路上，人力資源部門有時候被批評為是一個絆腳石。[15] 在一個員工發展注定要變得更個人化、自己發起和自我指導的世界裡，人力資源部門如果希望維持自己的重要性，就要找出最能促進和支持這些作為的方式。在個人學習、領導力發展和促進組織層級類似成長等方面，可能都有非常可觀的回報。我們將在下一章討論這個挑戰。

Chapter 11 彈性如何幫助建立學習型組織

將整個組織轉變為一個鼓勵成長的地方，會帶來重大的企業文化挑戰。組織通常非常注重成就，對錯誤幾乎沒有容忍度，並要求將個人的不安全感、不確定性和情緒拋在門外。在這樣的空間裡，指責和諉過變得司空見慣，而真正的個人成長則非常罕見，對於在日益複雜、充滿變化的世界中努力生存的組織而言，這是一個大問題。

情況還會變得更糟！這樣的環境會讓一些老闆變得過度控制，甚至濫用權力，因為他們可以透過譴責別人、讓人感到自卑，而獲得優越感。隨著時間經過，企業文化的發展就開始圍繞著取悅高階主管，而不是追求非凡的成就和持續發展。當每個人都開始擔心被評判時，勇氣和創新就很難存活。很快的，學習和成長就停滯不前了。

一旦你的公司文化陷入這種態度裡，無論你的意圖多麼良善，或者你的策略多麼細膩，想擺脫這些負面狀況都是很困難的。幸運的是，各種類型和規模的組織都可以採取一些步驟，向每個事業處、部門和團隊灌輸彈性的力量。將彈性及其培養的學習心態融入公司文化的核心特徵，可以幫助將公司或非營利組織轉變成一個學習型組織，讓個人和整個組織不斷成長。

真正的學習型組織會做下列事情：

- 找到系統化方式，透過言語和行動來強化技能是可以學習得到的，而不是假設這些技能是某些人擁有，而其他人缺乏的天賦或才能。
- 最高管理階層會一直傳達組織重視和獎勵學習和毅力，而不僅僅是現有的天才或才能，並制定政策和流程來支持這種態度。
- 建立回饋系統，促進對學習和未來成功的關注，而不是關注識別失敗、歸咎和懲罰錯誤。
- 將管理者視為學習的資源，而不是主要職責在於實施紀律和揭發錯誤行為的監工。

建立學習型組織需要很多要素。因為它為每個員工提供一個持續學習和個人發展的樣本，你在本書中學習的系統，有助你建立一種對新思想保持開放並視其為常態的文化環境。

創造學習環境

想要了解學習文化是如何運作的，讓我們來看一下，一家大公司如何圍繞著成長這個議題，實現了文化變革。

這家公司就是微軟（Microsoft），世界上最大的科技公司之一。和許多成功的公司一樣，隨著時間經過，微軟已經屈服於巨大的規模、複雜性、官僚作風和自滿的僵化影響之下。但現在情況已經改變了。二〇一四年接替史蒂夫・巴爾默（Steve Ballmer），出任微軟執行長的薩帝亞・納德拉（Satya Nadella）獨排眾議，在他的領導下，微軟成功地將其企業文化重新聚焦於學習和成長。在撰寫本書的二〇二〇年時，微軟再次吸引了頂尖的工程人才，引領了一些世界上最令人興奮的技術創新，而且成長率和獲利能力都已經從近年來的下降中恢復。

我從多個來源了解到微軟以學習為中心的轉變，包括新聞報導、公司領導者訪談的出版品、倫敦商學院關於執行長領導力的精彩案例[1]，以及納德拉自己所寫的書《刷新未來：重新想像AI+HI智能革命下的商業與變革》（*Hit Refresh: The Quest to Rediscover Microsoft's Soul and Imagine a Better Future for Everyone*）。但我也從與查理・馬歇爾（Charley Marshall）的談話中學到了很多東西。

馬歇爾是密西根大學MBA二〇二〇年的畢業生，是一名有意思又與眾不同的MBA學生。他從小就打算成為一名牧師，大學主修神學和哲學，但很快就感覺到商業界在呼喚他。到他畢業的時候，他已經在三家新創公司工作過，這讓他在商業方面有一個陡峭的學習曲線。而後他的人生轉了個彎，在厄瓜多擔任一陣子的和平工作團志工後，進入了密西根大學的雙學位課程，並取得了MBA和永續科學碩士學位。

你可能已經猜到了，馬歇爾是一個狂熱的學習者。當他於二〇一九年夏天為微軟工作時，我很高興能夠第一手聽到他在那裡的經歷。有一句老話說：「魚最後才發現水」，它掌握了一個事實，那就是在一個社會或組織中，由於在我們身邊的文化是如此的普遍，而讓我們往往沒有注意到它。馬歇爾是微軟的新人，這使他成為清楚看見微軟不斷演進文化的完美人選。我們接下來的觀察結果，大部分要歸功於馬歇爾的觀察。

納德拉的挑戰

在印度出生的軟體工程師納德拉，在接任成為微軟的第三任執行長時，他接手的是一家陷入困境的企業。該公司許多最有才華的團隊成員，都逃到了Google和蘋果等更有活力的公司。收入和利潤雖然仍然龐大，但已不再像以前那樣快速成長，股價也隨著外部觀察家發現公司的創新能力已經減弱而開始下跌。微軟做為一個重要科技公司的地位已經衰落，公司士氣也處於低點。

納德拉很擔心。他知道科技業的環境即將發生一些戲劇性的新變化，但他也感覺到公司以恐懼驅動的文化，將使其難以適應這個即將到來的變化。這種文化鼓勵人們以專注於依照內部權力的方式行事，把精力放在善於展示他們知道多少，而不是去實驗不知道的東西，並突出自己的自信，而不是提出可能揭露自己無知的問題。結果就是微軟基本上停止了創新。

納德拉察覺到這些問題，但他不確定該如何解決。他任職的第一年是處於傾聽和學習模式，正如我們看到的科技創業家希社．梅羅特拉推薦的那樣（我們在第六章中討論過他的反思練習）。納德拉從微軟員工那裡聽到，他們一樣對公司以恐懼驅動的文化感到不滿。軟體工程師告訴他，他們希望微軟能再次變得很酷，成為一家引領世界而不是追隨世界的公司。他們還想為任務很有意義且有影響力的微軟工作。這些充滿渴望、以成長為導向的動力，仍然存在微軟員工的心中，但它們潛伏了，需要得到鼓勵和支持。

納德拉發現他的主要目標，應該是向每位微軟員工灌輸學習心態，以幫助人們了解，創新和成長總是觸手可及的。這可能也會是彼得．賀斯林（Peter Heslin）得出的結論，他可能是研究「學習心態如何在組織中發揮作用」的領域中最傑出的研究者。賀斯林說，為了「創造更注重成長的文化，你需要採取措施，將重要的能力表現為可學習的，而且讓公司重視學習、毅力和努力。」[2]納德拉將這種方法做為他第一也是最緊迫的任務，於是設定了將微軟的企業文化從**「無所不知」**轉變為**「無所不學」**的目標。

但要進行如此重大的企業文化變革並不容易。與許多組織一樣，微軟創造了一種天才文化，而不是成長文化。[3]微軟的管理者認為，他們的首要任務是聘雇「最好的」員工，然後使用績效評估和晉升系統來淘汰不知何故從細縫中混進來的不太優秀員工。因此，公司裡的人會花很多時間懷疑自己「夠不夠好」，並避免任何有失敗風險的行動。

鮑伯・凱根（Bob Kegan）和麗莎・拉赫（Lisa Lahey）兩名學者就生動地描述了組織中的這種文化是如何運作的：「在大多數組織中，幾乎每個人都在忙著做沒有人付錢給他們的第二份工作，那就是掩蓋他們的弱點，努力展現自己的最佳狀態，以及管理其他人對他們的印象。可能沒有比這件事更浪費公司資源的了。最後的代價是：無論是組織或者員工，都無法充分發揮自己的潛力。」[4]

曾經備受推崇的能源公司安隆（Enron）在二〇〇一年因大規模系統性詐欺案曝光而宣告破產，如今已不復存在，這家公司或許就是天才文化最極端的例子。貝薩妮・麥克萊恩（Bethany McLean）和彼得・埃爾金德（Peter Elkind）在他們所寫的關於安隆事件的權威著作中，將其描述為「一家將『純粹智力』置於首位的公司，在招聘和晉升時，最優先的任務就是將『智力天才』從超級明星群中挑選出來。」[5]這個描述出色地捕捉住了天才文化的精髓。

越來越多的研究確實顯示，天才文化如何以及為何經常失靈。一組研究人員發現，與採用天才文化的公司相比，成長型公司的員工對自己的工作更有熱情，也更投入於提高績效。天才文化的公司還表現出員工之間較少合作、較不願承擔風險、較少創新，以及較差的誠信和道德承諾。[6]當然，最後提到的這項特質，最後注定了安隆可恥的滅亡。

你也可以想像得到，採用天才文化的公司不適合學習。它們無法創造學習所需的心理安全區。[7]員工不是以學習心態對待經驗，而是像準備戰鬥一樣，強烈地追求生產目標，但忽視個人成長和發展的需要，並認為停下來進行反思純粹是浪費時間。簡言之，想在天才文化企業中練習彈性的力量，幾乎是不可能的事。

你的公司是學習型組織嗎？

一個組織的文化及其灌輸的假設、信仰和價值觀，往往非常隱微，難以看見，尤其對於那些沉浸在其中的人來說。（再說一次：「魚最後才發現水。」）你現在的組織是否具有學習型組織的特徵？下面的問題或許可以幫助你釐清。你聽到的答案中的「是」越多，你的組織距離真正的學習型組織就越遠。

1. 公司文化是否傾向於崇拜和尊重少數「搖滾明星」的成就，而這些人被認為具有特殊天賦，足以將他們提升到高於同事的地位？
2. 招聘決策是否主要基於應聘者讓人感覺的認知能力，或者擁有科技、行銷、銷售、人員管理、領導力或其他活動領域的「頭腦」（而不是注重在成長潛力）？
3. 當個人或部門被挑選出來表揚（口頭、獎勵、獎金等）時，重點是否主要放在可量化的績效上（而不是努力和奉獻）？
4. 當錯誤、失誤或失敗發生時，時間與力氣是否花費在確認誰該被責備，並確保該負責的單位受到羞辱、嘲笑、解雇、降級或其他懲罰（而不是從錯誤中學習有用的教訓）？

5. 員工是否會做出明顯的努力向他人隱瞞他們的錯誤，「竄改」計畫執行的結果，讓他們看起來更成功，或者在同事眼中「渲染」他們的工作表現？

6. 如果員工在失敗後又表現良好，那麼針對失敗進行的早期績效評估是否保持不變，彷彿帶著永遠無法完全消除的恥辱感？[8]

在微軟推廣企業文化變革的第一步

納德拉非常努力推動他的企業文化變革計畫。想要說服十二萬五千人相信像新思維那樣有點模糊的東西，是一項艱鉅的任務，但納德拉充滿熱情地處理這個議題。

納德拉依賴的一項文化變革工具，就是從上而下的溝通。他開始發表演講，讚揚終身學習的重要性。他勾勒出微軟的願景，是致力於為各行各業的人提供所需的技術工具，讓世界變得更美好的公司，許多員工認為，這個理想使命很鼓舞人心。他還鼓勵管理者開始花更多時間傾聽客戶的意見，而不是假設他們比用戶自己更了解需求。

漸漸的，微軟的員工開始聽到這個訊息，有些人也開始試著應用它。一名客戶經理決定花一星期的時間，陪伴一組警察一起在街道巡邏，以便更了解該怎樣透過取得遠端資料來協助他們的工作，而相關的科技工具當然是由微軟生產。另一名經理則花了兩天時間與醫院的工作人員相處，以更清楚了解無紙化資訊流程應該如何為他們服務，好讓更多人得到更好的醫療服務。

隨著這些故事在公司內部傳開，微軟的員工開始發現，他們的新執行長是認真的想把公司打造成一個學習型組織，他們也就慢慢開始採取類似的態度和行為。

納德拉也很認真對待一個挑戰，那就是確保他自己的行為，展現並支持他所推廣的持續學習這個訊息。他知道，任何組織高層管理人員的行為都會對組織文化產生重大的影響。他們即使看似無關緊要的言行，也能送出什麼是、什麼不是重要而寶貴的事情的強烈訊號，而在潛移默化中塑造了整個企業中員工的假設和態度。

納德拉對這些實際情形相當敏感，所以採取了幾個步驟，向員工發出強烈的文化訊號，關於在微軟灌輸成長思維的重要性。他在給全體員工的第一封來自執行長的信裡，就表達了他對持續學習的個人承諾，並在初期的一些高層人事的任命中強化了這個訊息。舉例來說，吉兒·崔西·尼可斯（Jill Tracie Nichols）被任命為幕僚長，就是因為納德拉觀察到她與其他人的合作極為出色。「我希望我的辦公室呈現的，就是我們正在努力創造的文化。」納德拉如此宣稱，而尼可斯的任命則展現了這個意圖。[9]

納德拉採取的最具戲劇性的象徵性行動，也許是他從任期早期犯下的愚蠢錯誤中改正過來的經歷。在一場慶祝女性參與電腦運算行業的年度活動中，納德拉在台上接受採訪時，被問到請他就許多科技公司的女性員工，在要求與男性同事獲得相同薪資方面遇到的困難這件事情發表看法。他建議大多數女性聽眾不要直言不諱地談論她們需要和應得的報酬，這讓她們大吃一驚。「問題實際上不在於要求加薪，」他說：「而是要知道並相信制度會給你正確的加薪。」他接著說道：「老實說，這可能是沒有開口要求加薪的女性，所擁有的一個最初的『超級權力』。這是好的因果關係。它會回來的。」[10]

納德拉這種對別人的建議充耳不聞的言論，招來了廣泛的憤怒。他很快就意識到自己這個錯誤的嚴重性。他沒有迴避這個議題，或試圖解釋他的評論，而是在當天公開道歉，指出：「我對這個問題的回答完全錯了。我毫無疑問且全心支持微軟和同業實施讓更多女性進入科技領域以及縮小薪酬差距的計畫。」他補充道：「如果你認為你應該加薪，你可以直接開口要求。」[11]

納德拉並沒有就此止步。在一週內，他向微軟員工發布了一份備忘錄，再次為自己的失言道歉，聲稱自己「低估了會讓人退縮的排斥和偏見，無論有意和無意的。」他接著敘述了一個三管齊下的計畫，讓微軟得以解決他自己的言論所反映的普遍偏見，包括確保同工同酬的措施、在招聘過程中更致力於多元化，以及擴大對員工「如何培養包容文化」的培訓。[12]

但納德拉也採取了同樣表明態度的小規模動作。當一名負責新進員工新人訓練課程的年輕經理（微軟每年新進二萬名新進員工），認為對這些新進員工講授「微軟之路」的管理人陣容，應該包括她心中有標誌性的執行長時，她（勇敢地）直接對他發了電子郵件。令她驚訝的是，納德拉很快就回覆：「是的，這很重要，讓我們把它排上行事曆。」

透過這些大大小小的行動，納德拉為所有微軟員工樹立了榜樣，讓他們知道即使過程可能讓人感覺尷尬或痛苦，他們仍然可以透過自己的行動，以及這些行動引發的回饋來學習、改變和成長。

為了你需要的企業文化變革調整組織制度

組織高層的象徵性言行非常重要。但它們本身並不能產生真正普遍和持久的企業文化變革。為了實現這個目標，你必須將你想要的變革形成制度，要改變組織的流程、程序、政策和規則，以支持你想打造的新企業文化。

由於意識到這件事，納德拉透過改變人力資源政策，開始推動微軟朝著成為學習型組織的方向發展。研究員班・史奈德（Ben Schneider）指出，當新的人加入公司，而擁有舊價值觀的人離開時，組織文化會有一部分發生變化。[13] 隨著納德拉關於成長心態的宣導在微軟開始傳播，吸引、選擇和損耗的過程也開始讓公司朝著新的方向發展。像馬歐爾這樣的人，開始因為它公開支持的新價值觀而被微軟吸引，例如它承諾利用科技和企業文化，創造一個更容易親近也更公平的世界。「微軟試圖創造的世界，就是我想創造的世界，」馬歐爾告訴我。他補充道：「加入微軟就像是延續我在學校裡的學習。」這樣的評論就是納德拉的企業文化變革計畫正在生根發芽的有力證據。雖然從沒真正聽到，但馬歐爾實際上是按照 Argenx 執行長提姆・范・豪威爾美倫（Tim Van Hauwermeiren）在比利時根特市魏勒瑞克商學院（Vlerick Business School）的畢業典禮上，在演講中對畢業生提出的絕妙建議來執行的：「關心你的學習曲線，而不是你的薪資曲線！」[14]

納德拉還採取一些措施破壞績效考核和晉升制度，這通常是任何組織中最強大的一個文化手段。我們再來看看安隆的例子。該公司的領導者認為，金錢和恐懼是唯一能真正激勵人心的因素。他們指示管理者對員工打出從一到五的評分，並要求不論實際表現優劣，至少一五%的員工必須得到最低分數。評分後，這不幸的一五%員工，有兩週的時間去找新工作。這種無情的制度後來被稱為「排名與解雇」（rank and yank）。你不妨想像這個過程會如何塑造員工的行為。

微軟類似的績效評估體系接續給了納德拉，把員工分為從「頂尖」到「糟糕」等不同階級，而每個階級都要放入一〇%的員工。這是一個精確的系統，目的在於把人們鎖定在績效證明心態裡，並扼殺員工之間合作的任何機會。後來，納德拉粉碎了這個包括強制排名、年度檢討會議，甚至績效評估和目標的制度，取而代之的新制度讓管理者有更大的影響力，並強調對員工的指導和持續回饋。

我的內部消息來源馬歐爾，確實對微軟新的績效評估制度產生很大的共鳴。他認為這個制度清楚傳達了人們信任他的能力和實力，也確保了他會從經理那裡得到高品質的回饋。馬歇爾特別感謝他在暑假實習期間，得到了兩、三次所謂的脈動檢查（pulse check，普通員工每季才做一次）。事實上，在我和馬歇爾談話時，距離他最後一次脈動檢查已經長達九個月，他卻仍然能夠背誦出被問到的五個問題：

1. 告訴我你目前在做哪些計畫。
2. 描述你在這些計畫中取得的進展。
3. 在微軟，你以什麼方式，在這些計畫或其他人的成功上增加了什麼？
4. 在微軟，你以什麼方式展現了多樣性和包容性？
5. 在微軟，你以什麼方式展現了成長的心態？

馬歇爾指出，第三個問題生動地概括了他所聽到的從納德拉接掌之前的時期，到現在以來的變化。「二〇〇八年的微軟，」他說：「沒有人會有任何動機，在別人的工作基礎上再增加東西。」藉由讓管理者定期提出這些問題，微軟進一步推動了整個企業文化朝著學習、開放和成長的方向發展。

在納德拉的領導下，微軟還採取了其他措施來強化想要的文化變革。舉例來說，公司組織了用意在促進和鼓勵跨部門合作的活動，例如為期一週的夏季「程式設計馬拉松」，人們受邀組成臨時小組，研究並提出各種問題的解決方案。微軟還為員工創造了一起參與志願計畫的機會，讓大家認識其他部門的同事。

為了監測和進一步激勵合作，微軟使用了自己研發的工具 Teams，幫助人們觀察他們是如何合作，又是如何沒有合作。微軟還會每週發報告，告訴員工他們在工作時間和下班後花了幾個小時在電子郵件上、他們在誰身上花的時間最多，以及其他建立人脈活動的模式。

微軟也開始為員工提供豐富的學習機會，馬歇爾就提到，有太多機會參與特殊的學習計畫，也使得有些計畫相互重疊。事實上，公司不僅提供這些計畫，還實質鼓勵員工好好應用這些計畫。這與其他公司的作法不同，這些公司會向接受此類邀請提議的人，發出微妙的反對訊號。

確認第一線管理人員提供一致的資訊

組織高層的行動和反應理所當然會受到注意和關注。但是個人的行為會更受環境影響，這意味著對大多數員工的態度和行為最重要的影響，來自他們的直屬上司。當我教過的高階主管抱怨他們公司的績效證明文化時，我總是告訴他們，要記住，當你在一個組織中晉升時，你很快就不只是對周遭的文化做出反應的人而已，你還對向你報告的下屬擔任重要的企業文化創造者的角色。你會成為什麼樣的上司？在打造一種支持下屬成長與發展，而下屬也依賴你發出最重要訊號的文化中，你會扮演什麼樣的角色？如果上司說的、做的、鼓勵的、勸阻的、獎勵的和懲罰的事情，與公司試圖灌輸的價值觀一致，那麼公司想要的結果很可能會隨之而來。但如果第一線管理人員的行為，與公司公開宣稱的價值觀不一致，員工就可能會忽視這些價值觀。

心理學家菲歐娜・李（Fiona Lee）和同事的研究，探討了管理者的資訊傳遞，對員工嘗試意願的影響，這個議題顯然與彈性的力量有直接相關性。他們發現，對人們嘗試和創新造成最大阻礙的，就是管理者發送不一致的訊息（這些資訊對結果造成的影響，甚至超過了一直讓人沮喪的訊息）。不一致性讓規則看起來不可預測，而且模棱兩可，會造成阻礙實驗的焦慮和恐懼，並讓員工「原地不動」，而不敢承擔嘗試新事物時固有的風險。[15]

為了幫助確保第一線管理人員以支持學習和成長的方式說話、行動和領導，而不是造成阻礙，以下是任何組織都可以採取的一些措施。

鼓勵管理者利用問題的力量

引導注意力和行動的問題。研究新晉升的領導者如何在工作中成長或沒能成長的研究員摩根・麥寇，曾經每隔一週聯繫一小群新晉升的領導者，並問他們兩個問題：「自從我們上次談話以來，你做了什麼？」和「如果有的話，你從中學到了什麼？」相當迅速的，由於他們知道會被問到這些問題，就會開始更關注在學習的事物，並對自己的成長留下深刻印象。[16] 管理者需要了解，他們是他們所督導的人員的行為榜樣，而像麥寇在一對一會議上提出的問題，則是促進組織需要的持續學習和成長的一種方法。持續使用這些問題，將鼓勵員工思考這個話題，甚至在兩次會議之間也在思考，並將自我發展當作個人優先事項。正如我們所看到的，對於像馬歇爾這樣的年輕員工而言，他的經理在定期的脈動檢查會議上提出的問題，送出了一個強烈訊號，表明了自我發展對微軟每個人都很重要。

讓雙向回饋成為整個組織的常態活動

馬歇爾報告說在一對一的會議上，他在微軟的經理會定期提供關於他的表現的回饋意見。比較不尋常的是，她也經常要求他提供回饋。思考一下這種行為在許多第一線管理人員當中效果加倍的影響力。想像一下一名經理對同事和下屬說：「我正在努力成為一名更好的傾聽者（或培養一些其他的重要技能）。你有什麼建議可以提供嗎？」我們可以推斷，收到這類詢問的人會感受到鼓勵，而對自己的目標同樣透明，並同樣願意接受可能帶來學習和成長的回饋。

隨時在整個組織中鼓勵制定個人發展目標。我們剛剛提到的麥寇觀察指出：「發展其實大部分就是關注的問題。如果人們能夠學著把學習牢記於心，就會引發更多的學習。」公司運用這個原則的方式就是，鼓勵各級員工不斷設定自己的發展目標，這不只是做為年度考評過程的一部分，而是做為日常工作的一個普遍特徵。管理者可以透過在常規的小組或一對一對話中討論這些目標，來扮演幫助者的角色，也許可以使用微軟脈動檢查制度中的問題。只要讓人們的注意力集中在個人發展上，就能大大確保這個目標的實現。

訓練管理者注意自己說話的方式

日常工作中使用的語言，往往反映出對成長和學習的不同態度。傾向於被鎖定在成就心態中的管理者，可能會使用諸如「我們必須停止容忍這裡的失誤」、「我們必須讓最優秀的人來解決這些問題」、「該是時候把能幹與不能幹的人分出來了」和「面對現實吧，這一切都是最低的要求水準」的言論。相較之下，欣賞成長心態價值的管理者，有可能使用下列陳述：「我們需要想清楚造成錯誤的根本原因」、「我們需要讓員工處於能夠成長和學習的位置」、「該是時候讓我們的整個團隊一起合作了」以及「如果不把流程弄對，就無法獲得想要的結果」。

管理者可以受到訓練去確認這樣的語言模式，然後接受鼓勵去思考他們對周遭的人發出的訊號。管理者可以做很多事情來確保他們的同事持續成長，無論是個人還是團隊，而他們使用的語言是實現這個目標簡單但重要的工具。

管理者最重要的衝擊：如何因應失敗

在第三章中，我提過你對失敗和有可能失敗的看法，是實驗的一個最大障礙。而結果發現，在一個企業文化中，如何看待失敗、失誤或錯誤，也是建立學習型組織的關鍵。

在天才型企業文化中，當員工發現自己犯錯時，會花較多時間對自己生氣，試圖對他人隱瞞自己的錯誤，而不是試圖從中學習。這種行為模式的成本可能很高。在一個無法承認錯誤並從中汲取教訓的文化中，員工害怕嘗試任何新事物，也跟著影響到創新能力了。[17]

對照之下，在一個以成長為中心的組織中，對失敗和錯誤灌輸一種正面的框架是可能的。雖然有些人擔心，這種觀點可能導致工作馬虎和績效不佳，但其他領導者則認為這一點至關重要。

備受推崇的設計公司 IDEO 創辦人大衛．凱利（David Kelley）非常了解這種動力。據說他會在公司四處閒逛，笑著勸告大家：「經常失敗是為了要更快成功！」他的目標是傳達一個明確的訊息：冒著犯錯的風險對成長的價值。[18] 皮克斯動畫工作室的共同創辦人以及幾本關於創造力的書籍作者艾德．卡特莫爾（Ed Catmull）是這麼說的：「失敗不見得是邪惡的。事實上，它一點都不邪惡。它是想嘗試新事物的必然結果。」[19] 而正如我們所看到的，微軟執行長納德拉透過個人行為，展示了一個尷尬的公開錯誤，可以如何轉化成一個正面的學習經驗，不僅對他個人，對他所在的整個組織都是如此。

科學研究也支持這些軼事。當一項研究中的受訓者被告知「錯誤是學習過程中自然的一部分！」或者「你犯的錯誤越多，你學到的就越多！」他們會更正面對待錯誤，因此也較少經歷挫折、內疚和尷尬等負面失調情緒。新的感受也改變了他們的認知過程，讓他們更可能尋找錯誤的原因，並探索不同解決方案的潛在價值。

另一項針對失敗的研究也得到了相似的結論，也就是當失敗被當作生活和工作正常的一部分，而不是要不計代價去避免時，就可以強化學習。[20]

此外，其他研究還顯示，將錯誤視為「標準的」可以鼓勵承擔風險、實驗和學習。有一個名為「就連愛因斯坦都掙扎過」（Even Einstein Struggled）的研究，讓九年級和十年級的學生，閱讀例如愛因斯坦、居禮夫人和麥可．法拉第（Michael Faraday）等成就卓著的科學家的故事。部分學生看到了這些科學家如何在知識和個人生活上努力奮鬥，其他學生只看到了科學家如何取得重大科學發現。只有知道這些歷史上知名科學家奮鬥歷程的人，才在這種介入後提升了科學學習的成果。[21]

正如這些例子顯示，犯錯是可以接受的，這種企業文化訊息會支持個人的學習導向和實驗，這也代表著對組織裡的管理者而言，內化、採取行動並與他人分享，是最重要的一個價值觀。這樣一來，不僅對個別員工，對整個組織來說，結果就會是學習和成長。

鮑伯．埃克特（Bob Eckert）是一名組織顧問，他的公司 New & Improved 主要在指導組織變得更具創新性。在二〇一五年發表的一篇文章中，針對管理者如何幫助團隊成員從錯誤中找到價值，埃克特和他的團隊提出了以下建議。

以下是當下次再出現重大錯誤、失敗或「路障」時的做法。你可以召集團隊並透過提出下列問題進行匯報：

- 哪些做得很好？
- 哪些地方會想採取不同作法？
- 你學到或重新學到了什麼？

• 下一次你將運用哪些學到的教訓？

請注意這個反思最前面的三個字是**下一次**。這表示你不會退回山洞裡永遠不再嘗試新事物，而是會堅持、堅定不移、向前推進，並持續不懈讓事情順利。[22]

我喜歡這個問題清單，以及關於「下一次」的建議。它反映了一種真正的成長心態，利用生活中無論好壞的每次經歷，當作未來做得更好的基礎。

當老闆不斷請周遭的人提供有關問題、錯誤和失敗的（而不只是成功的）回饋和資訊時，他們就會得到不這麼做就可能無法得到的關鍵資料。新出現的客戶偏好、低調的競爭對手，或者可能影響公司未來的新科技，這些可能出現的議題可能是組織未來成功最重要的地方。而且這些議題浮現與否，完全要看情況而定。

在支持持續成長和學習的文化中，這些議題很可能會被人發現，但在天才企業文化中，長遠來看，卻有可能被壓抑而造成更大的問題。[23] 在學習型組織中，會鼓勵個人提出問題，並坦承自己所犯的錯誤，使他們和整家公司都能從錯誤中汲取教訓。

你是一個敦促成長的領導者嗎？

領導者可以成為重要的成長榜樣。想要成為這樣的榜樣，試著做到下列事項：

1. 承認自己的局限性、缺點和錯誤。
2. 分享你何時學習以及學到什麼的故事，為「可教性」（teachability）立下榜樣。

3. 關注部屬的優點和貢獻。讓人們知道他們的貢獻，這樣他們就可以隨著時間經過加強這些優點。
4. 認可不確定性。在你不確定接下來會發生什麼事時，就與他人分享，但要表達團隊合作就能共同面對的信心。
5. 支持部屬的發展。展現出只要能從中汲取教訓，犯錯是可以接受的態度。
6. 尋求回饋。展現出你對他們對你的領導力看法抱持開放態度。

研究顯示，這些領導者行為可以促進下屬的成長和投入，特別是在整個企業文化都以成長為中心（例如微軟創立的文化）的情況下，沒有極端的壓力，而且都是以真誠的方式來進行這些行為。[24]

完成企業文化變革是一個漫長的過程，而且要衡量成功往往很困難。但是從二〇二〇年的視角看起來，納德拉改變微軟企業文化，將微軟從一家無所不知的公司轉變為一家無所不學的公司的努力，顯然已經產生巨大的回報。微軟不再是一個高科技領域的落後者，過去兩年間，微軟與蘋果在全球最具價值公司排行榜的榜首輪替，現在更可望在可預見的未來，達到超過二兆美元的市值，無論從哪個角度來看，這都是一個顯著的轉變。

《富比士》（*Forbes*）雜誌專欄作家兼企業文化分析師卡特琳娜·保加瑞拉（Caterina Bulgarella）在二〇一八年十一月的一篇專欄文章中，就此事是如何達成的提供了兩個見解，當時微軟剛超越蘋果，成為企業價值排行榜的第一名。她首先指出，微軟並不只是建立一種「良好的文化」，還「專注於對新策略非常有用的能力。」她接著指出：「這些新的文化資產，為微軟提供了『可再生能源』的來源。」正如她所說的：「如果微軟在學著去學習，這種心態的價值永遠不會過期。」[25]

「學著去學習」，還有什麼能更精確地描述納德拉對他所領導的公司的最大貢獻？正如保加瑞拉所說的，這是一個永遠不會磨損、過時或枯竭的企業資產，因為它提供了持續重塑組織，以因應明日可能帶來的任何新挑戰的能力。

還有什麼比這更能激勵我們這些以自己的方式，努力讓持續學習、發展和成長成為我們個人DNA的一部分，就像我們所屬的企業、公民組織、家庭和其他社群一樣？畢竟，如果一名在印度出生、熱愛板球，在應付有特殊需要的兒子的挑戰時學會了同理心的軟體工程師，能夠讓微軟這樣的大公司重塑和振興企業文化，那麼同樣的事發生在我們關心的地方和團體中的機率也會很大的。

當你持續努力將彈性的力量應用到你可能面臨的個人挑戰，以及你可能參與或領導的組織時，這是一個充滿希望的訊息，你可以好好深思。

結語：成長的一生

說我有偏見也好，但我認為你能對一個人說的最好的讚美，就是他們在一生中不斷成長、發展、改變、改進和進化。你所渴望的成長，可能包括我所說的內容成長，例如學習寫程式、掌握一種新語言、組樂團、改善某種手作能力，或成為詩人。但我希望這本書也能激勵你在生活中尋找個人成長的空間。如果你想成為你最敬佩的榜樣，成為擁有更大影響力的領導者，想和與你共事的人建立更好的關係，以及最後為我們這個混亂的世界帶來正面的改變，那麼個人成長就非常重要。個人成長不只是讓你受益，還讓你能夠為他人帶來好處，無論是透過傾聽和鼓勵他人發言、激勵他人採取明智的行動，還是在他人發生衝突時幫忙調和歧見等。透過這種方式，你可以為你接觸的所有人的生活，帶來一個正向的改變循環。

正如我在本書中所強調的，個人的成長需要學會如何從生活給你的經歷中學習。麥斯威爾（John C. Maxwell，譯註：美國領導學權威）經常被引用的一句格言說得很好：「改變不可避免。但成長可以選擇。」[1]過得好的生活往往會讓我們偏離中心。就在你認為你已經有了所有的答案，並完美安排你的生活時，就會發生一些事情擾亂你的想法，並破壞你的計畫：你的公司決定派你到海外工作、突然的疾病或不幸的死亡給你的家庭蒙上了一層陰影、產業變化讓你目前的技術專長變得過時、預料之外的晉升讓你需要以前做夢都不認為需要的技能。你發現自己陷入了一系列新的體驗，感到毫無準備而不知所措。

你將如何因應這種挑戰，取決於你自己。我希望你會選擇讓它成為一個學習和成長的機會。這麼做需要勇氣、力量和決心。但是有一個計畫可以遵循，以及有一個系統可以使用，會非常有幫助，這就是我希望本書可以提供的。

當然，學習和成長不僅適用於嚴重失序或創傷的時候。即使在工作感覺很規律，並且生活感覺井然有序時，我們也可以而且應該為自我發展挪出時間。和身體的鍛鍊一樣，彈性所提供的心理和情緒鍛鍊，可以增強你的實力、彈性度、敏捷性和在各種情況下的適應力。這些特質非常寶貴，值得定期投入時間和精力的獎勵。用安娜堡辛格曼公司執行長阿力·威茲維格的話來說：「有人會說他們沒有時間去健身，但有健身的人總是會挪出時間，而且他們實際上可以完成更多事，因為他們感覺更好。學習也是如此，這就像是你的大腦在健身。這並不能讓你變得完美，但就像健身一樣，當你學習時，你很興奮、你有很好的精力，而你想為你的學習去做點什麼。我有時候每週工作八十到九十個小時，但我一直閱讀很多書。」

最成功的人會找方法不斷將學習和成長融入他們的生活。彈性的力量有助於讓這件事變得可能。

彈性所提供的系統性成長方法，也能幫助我們因應成長中固有的另一個挑戰，那就是真正的成長帶來的脆弱。對於這一點，我最喜歡的一段話來自詩人大衛·懷特（David Whyte），他可能對我們當前的喧囂文化，有著最深刻的見解：

速度已經成為我們的核心競爭力、我們的核心身分。如果我們停止以忙碌的方式做我們正在做的事情，我們不知道最後我們還擁有什麼力量。此外，還有一種更深刻與古老的人類直覺在發揮作用，它知道任何真正的進步都來自於痛苦和脆弱，而這也是我們開始讓自己忙碌的原因，好讓我們能夠遠離它們。[2]

像一個人一樣成長，需要我們更深入探索我們是誰，冒著承諾改進所牽涉到的風險，以及發現和探索在我們的思想和心靈中，我們覺得不夠完美的地方。由彈性的力量培養出來的學習心態，會讓承擔這些具有挑戰性有時甚至是痛苦的任務變得比較容易，而且可以懷著愉快的好奇心和探索的精神去進行。

讓我的生活充滿活力的目標，就是幫助人們成長為最有效能的自我，不管他們如何定義**有效性**。我最大的希望就是這本書提供你一些關於踏上這條成長道路的想法，以及一些能夠讓你持續走在這條道路上的實務作法，無論生活帶給你什麼樣的磨難。

祝福你有美好的成長。

致謝

我把寫書這件事拖延了好幾年，一邊看著同事和以前的學生寫出大受歡迎而有影響力的書，但我卻沒有。相反的，我會經歷「我認為我可能想寫一本書」，然後去書店，想著：「這世界已經有太多書了！」然後放棄寫書這個想法的循環。經過幾次這種循環後，我終於了解，世界上可能有許多書，但還沒有我的書，而且我有些話想說。最後，我終於跳了進來！而這是一段多麼愉快的旅程啊，一路上得到了很多人的激勵和幫助。

從最一般的事情說起，我有幸在我職業生涯的大部分時間裡，都在密西根大學出色的管理與組織系工作。這是一個持續激勵成長的環境。多年來，我的首要目標就是試圖跟上我的管理與組織系同事的腳步，他們一直是我的優秀榜樣。無論是在校園中推廣領導力計畫、創造一個把正面看法放入組織研究的風潮、或者在商業世界推動更大的社會責任感，這些人都在試圖做超越自己和為他人服務的事情，而我很幸運能在職業生涯的大部分時間，都與他們一起工作。

我的著書之旅是與一位同事史考特·德魯一起開始的。我們早期仔細討論各種想法（許多最後都放入這本書中了），並讓它們變得實用的日子，將永遠閃耀著幸福的回憶。當德魯以創紀錄的速度，從我系上一名新手教師晉升為羅斯學院院長時，我很遺憾失去了這位親密的著書合作夥伴！

在本書早期的努力中，我們得到了四名密西根大學大學生無比熱情的幫助：Sarah Blegen、Grace Gale、Nicole Jablon 和 Maggie Mai。這四個人（還要加上 Tim Jezisek 所做的一次採訪）採訪了「他們崇拜的人」，而這些人學習和成長的故事是這本書的種子。Maggie Mai 提供了額外的幫助，對採訪進行編碼，並建立了一個系統，讓我們稍後就可以找到這些人的訪談內容，這個作法真的很有幫助！我還要感謝出色的 Ashleye Freeman，她在 MBA 畢業後的那個夏天進行了更多採訪，並進一步推進了本書的進展。

我非常感謝七十二位與我們分享時間和知識的人（有些人還不止一次！）雖然本書並沒有納入所有採訪，但它們確實影響了本書的寫作和思考。我非常感謝他們的坦率和慷慨。我要特別感謝卡琳·史塔瓦奇和夏奈滋·布魯切克，她們是兩位了不起的教練，幫助我了解了彈性的力量如何輕鬆融入她們的教練實務。我還要特別感謝克里斯·莫奇森和湯米·懷德拉，他們非常喜歡這些想法，而將它們直接納入工作環境。

雖然書裡的故事名義上是從我與德魯的合作開始的，但彈性的力量將我幾十年來一直在研究的想法彙集在一起。在尋求回饋這方面，我要感謝 Anne Tsui 和 Greg Northcraft，他們在我職業生涯早期嘗試了解這個有趣的行為時，就加入了我的團隊。我還要感謝 Katleen De Stobbeleir，她稍後加入我的團隊，重新激發了我對它的興趣。在成長心態和學習導向方面，我要感謝不屈不撓的彼得·賀斯林和 Lauren Keating，以及 Julia Lee Cunningham 和 Laura Sonday，感謝他們將這些理念應用到領導力中。最後，關於反思，我要感謝讓人歎服的 Maddy Ong，感謝我們一起踏上深入了解反思應用在工作中的旅程，也感謝 Uta Bindl 和 Henrik Bresman 稍後加入團隊。我非常感謝這些同事多年來的智慧陪伴、幹勁、好主意和幽默感。

我也要感謝許多專業人士，他們讓這本書得以出版。我的策畫編輯 Karl Weber 在整個過程中都是一位偉大的導師，也是一名出色的作家。看著他如何把我的散文改寫得讓從業讀者更容易閱讀，總是很讓人快樂。在許多地方，他都是魔術師！我也要感謝傑出的經紀人 Leila Campoli 願意在這個第一次出書的作者身上投下賭注。她的知識、積極性、精神和出色的銷售技巧，在這段旅程中發揮了重要作用。其中的一點就是把我交給了在 HarperCollins 出版社裡同樣出色的 Rebecca Raskin！之前我問她，為什麼對編輯這本書如此興奮。她似乎被這個問題弄糊塗了，她聳聳肩然後熱情地說：「我只是覺得，這個世界真的需要這本書！」她給我的回答再有意義不過了。她靈活的編輯技巧總是考慮周到而有幫助。她的一句話或一個問題，常常讓我重新思考整個段落和章節。她對這本書的無限熱情，讓我每次與她交談都充滿樂趣。

出色的文字編輯 David Chesanow，讓手稿變得更充實。在我們剛完成手稿的文字編輯工作之後，Raskin 就開始了另一段職業生涯，我非常感謝同樣讓人讚歎的 Hollis Heimbouch 接手了她的工作，也非常感謝 Nick DaviesLaura Cole 帶領這本書的文宣和行銷工作，以及資深製作編輯 David Koral。我非常感激他們的技能、熱情和幫助。

我也非常感謝羅斯商學院的推廣溝通部，尤其是 Bob Needham，他一直在問這本書什麼時候推出、進度如何了，以及他可以幫什麼忙。

在個人方面，我得到了一群了不起的女性的支持。其中包括我的三個女兒，她們每個人都出現在書中，也都熱情地支持我。我要特別點出我的小女兒 Madeline，她非常信任我，而且非常喜歡她的媽媽在寫一本書的這個想法。她努力推動我成為我工作中最勇敢的自己，並記錄和慶祝每一個里程碑！我的好朋友珍．達頓是這本書的忠實讀者，對這本書充滿了無限的熱情和支持。我很幸運從博士課程的第一天起就擁有了這段友誼，而我從不低估它，不把它認為是理所當然的。當我在南非寫作，而一起經歷 COVID-19 的隔離時，我們的定期電話確實幫助我繼續前進，並將我的寫作推向我先前未曾想到的方向。出色的 Sally Maitlis 有一種不可思議的能力，總能在關鍵時刻出現在我身邊，並用她的幽默和見解幫了我很多忙。我也非常感謝我最近在許多計畫中新加入的最佳搭檔，讓人愉快的 Brianna Caza，她真的知道如何慶祝人生！我總是覺得我不值得獲得這樣的關注、支持和熱情，但我對此深表感激。

我也很感謝那些在這本書的旅程中，比我走得更遠的人在旅程中提供的幫助。最好的例子就是我兩位以前的學生，Scott Sonenshein 和 Adam Grant，他們在將研究和科學帶入實務世界方面遠遠領先我們大多數的人。他們在適當的時候出現逗笑我、鼓勵我或提供建議的方式，對我意義重大。我感謝他們，以及 Jen 和 Gianpiero Petriglieri、艾米妮亞．伊貝拉和 Katleen De Stobbeleir 對我的建議、介紹、支持和信任。令人歎服的 Dolly Chugh 也經由本書的寫作過程進入了我的生活，儘管她自己的生活已經非常忙碌，還是不厭其煩地樂意滿足需求和提供資訊！是她讓我遇到了 Leila Campoli，所以本質上，是她讓這一切發生的！還有我的本地「讀書夥伴」Ethan Kross，他在這個過程中一路走在我前面帶領我。他慷慨地分享了所有的知識，並給予我無條件的支持。我永遠對這些人心懷感激。

寫書有時候是一段孤獨的旅程，我非常感謝所有詢問我進展的人。我堅持的原則是，除非有人問我，否則我不會主動提起這本書，我不想成為沒完沒了地談論著永遠都沒有發生的事情的「那個人」！

我的兄弟姐妹、我的讀書小組、我在安娜堡的朋友、我的高中朋友都會偶爾問我，而每次我有機會談到這本書時就會有所幫助。

本書的寫作經歷了兩個不同尋常的年頭，一個是學術休假年，接著就是疫情大流行的一年。我很感謝我在本書取得寫作進展的所有地點，包括我們在南非普利托利亞的小公寓；我們在學術休假那年的「工作一下，遠足一下」期間，各個國家公園外面那些便宜的汽車旅館；我姐姐Pat在加州的房子；安娜堡我們自己家後面臥房的那張床上，我在疫情流行的前五個月，都在那張床上寫作；還有我們終於在有太陽的門廊那裡弄出來的辦公室，我在疫情的其他時間都待在那裡。地點對我來說真的很重要，我很高興這本書總是能喚起這些特殊的時間和地點。

最後，我還要感謝我的先生Jim，他是我在二〇二〇漫長隔離期間的全天候伴侶，也是我大半生的夥伴。你是第一個（但肯定不是最後一個）取笑我可以擠出二頭肌來展示彈性的力量的人。謝謝你給我寫這本書的空間。**現在**你可以閱讀書稿了！

附註

前言

1 本書寫的許多例子和故事是根據我與學生採訪過的人所分享的現實生活經驗。為了保護他們的機密及他們的同事和其他人的隱私，在採訪者要求匿名的情況下，姓名和其他相關身分資訊都已更改。

2 彈性模型的早期發展，是與我優秀的同事史考特·德魯（Scott DeRue）在〈用心參與〉（Mindful Engagement）一文中共同完成的，並狹義應用於領導力發展。詳見 S. J. Ashford and D. S. DeRue, "Developing as a Leader: The Power of Mindful Engagement," Organizational Dynamics 41, no. 2 (2012): 146–54。這本書和彈性的力量探索了這些理念在個人成長中更廣泛的應用，不僅僅是為了成為一名更好的領導者，而是為了實現各種目標，例如成為一名更好的配偶和父母、成為你最想變成的人等。由於個人效能對於成為優秀領導者至關重要，因此彈性的力量與領導力也有很大的相關性。

3 在敏捷產品開發流程中，週期是一段設定的時間，在此期間必須完成特定的工作並準備好進行評估（請參閱 https://searchsoftwarequality.techtarget.com/definition/Scrum sprint）。在這裡，週期是指在特定時間和特定領域內，為特定目標努力，專注於個人發展的決策。

4 Jerry Colonna, Reboot: *Leadership and the Art of Growing Up* (New York: HarperCollins, 2019).

5 A. H. Maslow, *The Psychology of Science: A Reconnaissance* (New York: Harper & Row, 1966), 22.

6 Andrew Nusca, "IBM's Rometty: 'Growth and Comfort Don't Coexist,'" Fortune.com, Oct. 7, 2014, https://fortune.com/2014/10/07/ibms- rometty-growth-and-comfort-dont-coexist/.

7 E. T. Higgins, "Beyond Pleasure and Pain," *American Psychologist 52,* no. 12 (1997), 1280.

8 Scott Sonenshein, Jane E. Dutton, Adam M. Grant, Gretchen M. Spreitzer, and Kathleen M. Sutcliffe, "Growing at Work: Employees' Interpretations of Progressive Self-Change in Organizations," Organization Science 24, no. 2 (2013): 552–70. Quote is from page 567.

9 Anne Lamott, *Dusk, Night, Dawn: On Revival and Courage* (New York: Riverhead Books, 2021), 136.

10 Sonenshein, Dutton, Grant, Spreitzer, and Sutcliffe, "Growing at Work," 567.

11 D. P. McAdams, "The Psychology of Life Stories," *Review of General Psy- chology* 5, no. 2 (2001):100–122.

12 Sonenshein, Dutton, Grant, Spreitzer, and Sutcliffe, "Growing at Work," 565.

Chapter 01 經驗是最好的老師，但只在你保持彈性的時候

1 G. S. Robinson and C. W. Wick, "Executive Development That Makes a Business Difference," *Human Resource Planning* 15, no. 1 (1992): 63–76.

2 M. Wilson and J. Yip, "Grounding Leadership Development: Cultural Perspectives," *Industrial and Organizational Psychology* 3 (2010), 52–55.

3 Cynthia D. McCauley, Marian N. Ruderman, Patricia J. Ohlott, and Jane E. Morrow, "Assessing the Developmental Components of Managerial Jobs," *Journal of Applied Psychology* 79, no. 4 (1994): 544.

4 Lisa Dragoni, Paul E. Tesluk, Joyce E. A. Russell, and In-Sue Oh, "Understanding Managerial Development: Integrating Developmental Assignments, Learning Orientation, and Access to Developmental Opportunities in Predicting Managerial Competencies," *Academy of Management Journal* 52, no. 4 (2009): 731–43.

5 D. Scott DeRue and Ned Wellman, "Developing Leaders via Experience: The Role of Developmental Challenge, Learning Orientation, and Feedback Availability," *Journal of Applied Psychology* 94, no. 4 (July 2009): 859–75.

6 Excerpts from M. McCall Jr., "Peeling the Onion: Getting Inside Experience-Based Leadership Development," *Industrial and Organizational Psychology* 3, no. 1 (March 2010): 61–68.

7 Ellen J. Langer, *Mindfulness* (Reading, MA: Addison-Wesley, 1989). Quote is from page 15.

8 這個建議是根據 Ellen J. Langer 精彩的作品而來。如果你感興趣，可以在這兩個地方查到更多資料：Ellen J. Langer, *Mindfulness and The Power of Mindful Learning* (Boston: Da Capo, 2016).

9 Bryan E. Robinson, "The 'Rise and Grind' of Hustle Culture," *Psychology Today*, Oct. 2, 2019, https://www.psychologytoday.com/us/blog/the-right-mindset/201910/the-rise-and-grind-hustle-culture.

10 James E. Loehr and Tony Schwartz, *The Power of Full Engagement: Managing Energy, Not Time, Is the Key to High Performance and Personal Renewal* (New York: Simon & Schuster, 2005).

11 D. Day, "The Difficulties of Learning from Experience and the Need for Deliberate Practice," *Industrial and Organizational Psychology* 3 (2010): 41–44. Quote is from page 41.

12 Bannon Puckett, "Morehouse's President Discusses the Seeds and the Soil of Cultivating Diversity on EDU: Live," 2U, March 2, 2021, https://2u.com/latest/morehouse-president-david-thomas-discusses-seeds-soil-cultivating-diversity-edu-live/.

Chapter 02 心態很重要：架構經驗以加強學習

1 在杜維克開創性的作品《心態致勝：全新成功心理學》（*Mindset: The New Psychology of Success*）中，這兩種審視自我與世界的相反方法，稱為成就心態（achievement mindset）和成長心態（growth mindset）。其他專家則使用不同名詞來描述類似的觀念。如前所述，我喜歡用績效證明心態和學習心態這兩個名詞，因為「績效證明」這個標籤捕捉到了有這種心態的人的成見，喜歡向其他人展現他們的成就。

2 Peter A. Heslin and Lauren A. Keating, "In Learning Mode? The Role of Mindsets in Derailing and Enabling Experiential Leadership Development,"*Leadership Quarterly* 28, no. 3 (2017): 367–84. 在這篇很精彩的文章中，開始展現學習心態如何影響著下面這篇文章中指出的投入正念的流程所談及的所有實務。S. J. Ashford and D. S. DeRue, "Developing as a Leader: The Power of Mindful Engagement,"Organizational Dynamics 41, no. 2 (2012): 146–54. 雖然我談到設定學習心態是與彈性系統獨立的實務，但我也討論過，根據 Peter 和 Lauren 的作品，這個心態對所有其他實務都有重要性。

3 關於這個研究的最新評論，請參考 Don Vandewalle, Christina G. L. Nerstad, and Anders Dysvik, "Goal Orientation: A Review of the Miles Traveled and the Miles to Go," *Annual Review of Organizational Psychology and Organizational Behavior* 6 (2019): 115–44.

4 Laura J. Kray and Michael P. Haselhuhn, "Implicit Negotiation Beliefs and Performance: Experimental and Longitudinal Evidence," *Journal of Personality and Social Psychology* 93, no. 1 (2007): 49.

5 Aneeta Rattan, Catherine Good, and Carol S. Dweck, " 'It's OK—Not Everyone Can Be Good at Math': Instructors with an Entity Theory Comfort (and Demotivate) Students," *Journal of Experimental Social Psychology* 48, no. 3 (2012): 731–37.

6 Lisa Dragoni, Paul Tesluk, Joyce E. A. Russell, and In-Sue Oh, "Understanding Managerial Development: Integrating

Developmental Assignments, Learning Orientation, and Access to Developmental Opportunities in Predicting Managerial Competencies," *Academy of Management Journal* 52, no. 4 (2009): 731–43.

7 Juliana G. Breines and Serena Chen, "Self-Compassion Increases Self-Improvement Motivation," *Personality and Social Psychology Bulletin* 38, no. 9 (2012): 1133–43.

8 K. Lanaj, R. E. Jennings, and S. J. Ashford, "When Self-Care Begets Other Care: Leader Role Self-Compassion and Helping at Work" (working paper, University of Florida, 2020).

9 Jennifer S. Beer, "Implicit Self-Theories of Shyness," *Journal of Personality and Social Psychology* 83, no. 4 (2002): 1009.

Chapter 03 設定學習重點：選擇彈性目標

1 James E. Maddux and June Price Tangney, eds., *Social Psychological Foundations of Clinical Psychology* (New York: Guilford Press, 2011), 122.

2 G. T. Dora, "There's a S.M.A.R.T. Way to Write Management's Goals and Objectives," *Management Review* 70, no. 11 (1981): 35–36.

3 T. Matsui, A. Okata, and T. Kakuyama, "Influence of Achievement Need on Goal Setting, Performance, and Feedback Effectiveness," *Journal of Applied Psychology* 67, no. 5 (1982): 645–48.

4 G. H. Seijts and G. P. Latham, "Learning Versus Performance Goals: When Should Each Be Used?," *Academy of Management Perspectives* 19, no. 1 (2005): 124–31.

5 G. Oettingen, H. J. Pak, and K. Schnetter, "Self-Regulation of Goal Setting: Turning Free Fantasies About the Future into Binding Goals," *Journal of Personality and Social Psychology* 80, no. 5 (2001): 736–53.

6 Charles S. Carver and Michael F. Scheier, *On the Self-Regulation of Behavior* (Cambridge, UK: Cambridge University Press, 2001).

7 建議閱讀威茲維格所寫的這些文章，他對於商業與領導力有一些很深入的洞察力：*A Lapsed Anarchist's Approach to Building a Great Business; A Lapsed Anarchist's Approach to Being a Better Leader; A Lapsed Anarchist's Approach to Managing Ourselves; and A Lapsed Anarchist's Approach to the Power of Beliefs in Business.*

8 可以參考這些由卡頓撰寫，關於公司領導者可以如何表達更好願景的精彩文章：A. M. Carton, C. Murphy, and J. R. Clark, “A (Blurry) Vision of the Future: How Leader Rhetoric About Ultimate Goals Influences Performance,” *Academy of Management Journal* 57, no. 6 (2014), 1544–70; A. M. Carton and B. J. Lucas, “How Can Leaders Overcome the Blurry Vision Bias? Identifying an Antidote to the Paradox of Vision Communication,” Academy of Management Journal 61, no. 6 (2018): 2106–129; A. M. Carton, “ ‘I'm Not Mopping the Floors, I'm Putting a Man on the Moon’: How NASA Leaders Enhanced the Meaningfulness of Work by Changing the Meaning of Work,” *Administrative Science Quarterly* 63, no. 2 (2018): 323–69.

9 Henk Aarts, Peter M. Gollwitzer, and Ran R. Hassin, “Goal Contagion: Perceiving Is for Pursuing,” *Journal of Personality and Social Psychology* 87, no. 1 (2004): 23.

10 你可以在這個網站找到關於這個練習的資訊：https://positiveorgs.bus.umich.edu/cpo-tools/rbse/.

11 請參考 https://blog.whil.com/performance/mindful-perfectionist.

12 Oettingen, Pak, and Schnetter, “Self-Regulation of Goal Setting.”

13 H. G. Halverson, *Succeed: How We Can Reach Our Goals* (New York: Penguin, 2010).

14 S. C. Huang and J. Aaker, “It's the Journey, Not the Destination: How Metaphor Drives Growth After Goal Attainment,” *Journal of Personality and Social Psychology* 117, no. 4 (Oct. 2019): 697–720.

15 Oettingen, Pak, and Schnetter, “Self-Regulation of Goal Setting.”

16 同上。

17 M. S. Pallak and W. Cummings, “Commitment and Voluntary Energy Conservation,” *Personality and Social Psychology Bulletin* 2, no. 1 (1976), 27–30.

18 C. S. Dweck and D. Gilliard, “Expectancy Statements as Determinants of Reactions to Failure: Sex Differences in Persistence and Expectancy Change,” *Journal of Personality and Social Psychology* 32, no. 6 (1975): 1077–84.

19 John R. Hollenbeck, Charles R. Williams, and Howard J. Klein, “An Empirical Examination of the Antecedents of Commitment to Difficult Goals,” *Journal of Applied Psychology* 74, no. 1 (1989): 18.

Chapter 04 釋放你內在的科學家：計畫和進行實驗

1 J. C. Maxwell, *The Maxwell Daily Reader: 365 Days of Insight to Develop the Leader within You and Influence Those around You* (New York: HarperCollins, 2007), 123.

2 G. Oettingen, H. Pak, and K. Schnetter, "Self-Regulation of Goal Setting: Turning Free Fantasies about the Future into Binding Goals," *Journal of Personal and Social Psychology* 80, no. 5 (May 2001): 736–53. These authors are quoting Allen Newell and Herbert Alexander Simon, *Human Problem Solving* (Englewood Cliffs, NJ: Prentice-Hall, 1972).

3 Fiona Lee, Amy C. Edmondson, Stefan Thomke, and Monica Worline, "The Mixed Effects of Inconsistency on Experimentation in Organizations," *Organization Science* 15, no. 3 (2004): 310–26; and R. Rosenthal and R. L. Rosnow, *Essentials of Behavioral Research: Methods and Data Analysis,* 2nd ed. (New York: McGraw-Hill, 1992).

4 J. Dahl, *Leading Lean: Ensuring Success and Developing a Framework for Leadership* (Sebastopol, CA: O'Reilly Media), 65.

5 你可以在這裡閱讀莫奇森的部落格文章 https://blog.whil.com/performance/mindful-perfectionist.

Chapter 05 需要整個村莊之力才能成長：尋求回饋以強化學習效果

1 Kent D. Harber, "Feedback to Minorities: Evidence of a Positive Bias," *Journal of Personality and Social Psychology* 74, no. 3 (1998): 622; and Loriann Roberson, E. A. Deitch, A. P. Brief, and Caryn J. Block, "Stereotype Threat and Feedback Seeking in the Workplace," *Journal of Vocational Behavior* 62, no. 1 (2003): 176–88.

2 鄧寧-克魯格效應在國家公共廣播電台的一集廣播節目中，做了最清楚也最有趣的說明。*This American Life* titled "In Defense of Ignorance," April 22, 2016, https://www.thisamericanlife.org/585/in-defense-of-ignorance.

3 David Dunning, Judith A. Meyerowitz, and Amy D. Holzberg, "Ambiguity and Self-Evaluation: The Role of Idiosyncratic Trait Definitions in Self-Serving Assessments of Ability," *Journal of Personality and Social Psychology* 57, no. 6 (1989): 1082.

4 William R. Torbert, *Action Inquiry: The Secret of Timely and Transforming Leadership* (San Francisco: Berrett-Koehler, 2004).

5 Steven P. Brown, Shankar Ganesan, and Goutam Challagalla, "Self-Efficacy as a Moderator of Information-Seeking Effectiveness," *Journal of Applied Psychology* 86, no. 5 (2001): 1043.

6 想了解更多關於這個應用程式的資訊，最好的地方就是它的官方網站：https://kaizen.app.

7 Brene Brown, "Taken for Granted: Brene Brown on What Vulnerability Isn't," *WorkLife with Adam Grant,* February 22, 2021, https://podcasts.apple.com/us/podcast/taken-for-granted-bren%C3%A9-brown-on-what-vulnerability-isnt/id1346314086?i=1000510270643.

8 https://kaizen.app.

9 Douglas Stone and Sheila Heen, *Thanks for the Feedback: The Science and Art of Receiving Feedback Well (Even When It Is Off-Base, Unfair, Poorly Delivered, and Frankly, You're Not in the Mood)* (New York: Penguin, 2015).

10 你可以在這裡聽道威現身說法講她的故事：“Learning from a Mistake,” video, Stanford Graduate School of Business, https://drive.google.com/file/d/1U5fGyYMzJawMkwYFC6fBuRr_VGWlVK43/view.

Chapter 06 從經驗中汲取意義：為長期利益做系統化的反思

1 John William Gardner, *Self-Renewal: The Individual and the Innovative Society* (New York: W. W. Norton, 1995), 13.

2 David Whyte, *Crossing the Unknown Sea* (New York: Riverhead Books, 2002), 128.

3 Jerry Colonna, *Reboot: Leadership and the Art of Growing Up* (New York: HarperCollins, 2019).

4 Ari Weinzweig, *A Lapsed Anarchist's Approach to the Power of Beliefs in Business* (Ann Arbor, MI: Zingerman's Press, 2016).

5 Adam L. Alter, and Hal E. Hershfield, "People Search for Meaning When They Approach a New Decade in Chronological Age," *Proceedings of the National Academy of Sciences* 111, no. 48 (2014): 17066–70.

6 Karen Brans, Peter Koval, Philippe Verduyn, Yan Lin Lim, and Peter Kuppens, "The Regulation of Negative and Positive Affect in Daily Life," *Emotion* 13, no. 5 (2013): 926–39.

7 D. Scott DeRue, Jennifer D. Nahrgang, John R. Hollenbeck, and Kristina Workman, "A Quasi-Experimental Study of After-Event Reviews and Leadership Development," *Journal of Applied Psychology* 97, no. 5 (2012): 997.

8 Aldous Huxley, *Texts and Pretexts: An Anthology with Commentaries* (New York: W. W. Norton, 1962).

9 Peter A. Heslin, Lauren A. Keating, and Susan J. Ashford, "How Being in Learning Mode May Enable a Sustainable Career Across the Lifespan," *Journal of Vocational Behavior* 117 (March 2020): 103324.

10 William Burnett and David John Evans, *Designing Your Life: How to Build a Well-Lived, Joyful Life* (New York: Knopf, 2016).

11 Amir Erez, Trevor A. Foulk, and Klodiana Lanaj, "Energizing Leaders via Self-Reflection: A Within-Person Field Experiment," *Journal of Applied Psychology* 104, no. 1 (2019): 1.

12 Ethan Kross and Ozlem Ayduk, "From a Distance: Implications of Spontaneous Self-Distancing for Adaptive Self-Reflection," *Current Directions in Psychological Science* 20, no. 3 (2011): 187–91; Igor Grossmann and Ethan Kross, "Exploring Solomon's Paradox: Self-Distancing Eliminates the Self-Other Asymmetry in Wise Reasoning About Close Relationships in Younger and Older Adults," *Psychological Science* 25, no. 8 (2014): 1571–80. You might also want to take a look at Ethan's recent book: Ethan Kross, *Chatter: The Voice in Our Head, Why It Matters, and How to Harness It* (New York: Random House, 2021).

13 Heather C. Vough and Brianna Caza, "Where Do I Go from Here? Sensemaking and the Construction of Growth-Based Stories in the Wake of Denied Promotions," *Academy of Management Review* 42, no. 1 (2019).

14 Heslin, Keating, and Ashford, "How Being in Learning Mode May Enable a Sustainable Career Across the Lifespan."

15 Reverend James Wood, ed., *Dictionary of Quotations* (London, New York: Frederick Warne & Co., 1899), and Bartleby.com, 2012, https://www.bartleby.com/345/authors/110.html#2. Accessed February 21st, 2021.

編按：此段引用英文是：「By three methods we may learn wisdom: first, by reflection, which is the noblest; second, by imitation, which is the easiest; and third, by experience, which is the bitterest.」推測原句最接近的是《論語．季氏》：「子曰：生而知之者，上也；學而知之者，次也；困而學之，又其次也；困而不學，民斯為下矣。」（是否出自此處非定論，尚有討論空間）

16 Lanaj, Foulk, and Erez, "Energizing Leaders via Self-Reflection: A Within-Person Field Experiment."

17 Joyce E. Bono, Theresa M. Glomb, Winny Shen, Eugene Kim, and Amanda J. Koch, "Building Positive Resources: Effects of Positive Events and Positive Reflection on Work Stress and Health," *Academy of Management Journal* 56, no. 6 (2013): 1601–27.

Chapter 07 管理情緒以強化學習

1 這些想法在聆聽羅賓．伊利（Robin Ely）精彩地教授女性高階主管課程而更加充實，這個課程是芝加哥領先女性高階主管課程的一部分。你可以在這個網站，了解更多關於這個致力於加速女性高階主管晉升的卓越組織資訊：https://leadingwomenexecutives.net/. https://www.hbs.edu/faculty/Pages/profile.aspx?facId=7287.

2 For work-related results, see Bono et al., “Building Positive Resources: Effects of Positive Events and Positive Reflection on Work Stress and Health.” For a review, see Alex M. Wood, Jeffrey J. Froh, and Adam W. A. Geraghty, “Gratitude and Well-Being: A Review and Theoretical Integration,” *Clinical Psychology Review* 30, no. 7 (2010): 890–905.

3 Noelle Nelson, Selin A. Malkoc, and Baba Shiv, “Emotions Know Best: The Advantage of Emotional Versus Cognitive Responses to Failure,” *Journal of Behavioral Decision Making* 31, no. 2 (Sept. 2017): 40–51.

4 See Nolen-Hoeksema’s many articles examining the downside of rumination. Here is one starting point: Susan Nolen-Hoeksema, “The Role of Rumination in Depressive Disorders and Mixed Anxiety/Depressive Symptoms,” *Journal of Abnormal Psychology* 109, no. 3 (Aug. 2000): 504–11.

5 Elizabeth Baily Wolf, Jooa Julia Lee, Sunita Sah, and Alison Wood Brooks, “Managing Perceptions of Distress at Work: Reframing Emotion as Passion,” *Organizational Behavior and Human Decision Processes* 137 (Nov. 2016): 1–12.

6 See, for example, C. M. Barnes, J. A. Miller, and S. Bostock, “Helping Employees Sleep Well: Effects of Cognitive Behavioral Therapy for Insomnia on Work Outcomes,” *Journal of Applied Psychology* 102, no. 1 (2017): 104; A. T. Beck, *Cognitive Therapy and the Emotional Disorders* (Oxford, UK: International Universities Press, 1976); A. C. Butler, J. E. Chapman, E. M. Forman, and A. T. Beck, “The Empirical Status of Cognitive-Behavioral Therapy: A Review of Meta-Analyses,” *Clinical Psychology Review* 26, no. 1 (2006): 17–31; Byron Katie, *Who Would You Be Without Your Story?: Dialogues with Byron Katie* (Carlsbad, CA: Hay House, 2008); F. Hanrahan,A. P. Field, F. W. Jones, and G. C. Davey, “A Meta-Analysis of Cognitive Therapy for Worry in Generalized Anxiety Disorder,” *Clinical Psychology Review* 33, no. 1 (Feb. 2013): 120–32; and K. M. Richardson and H. R. Rothstein, “Effects of Occupational Stress Management Intervention Programs: A Meta-Analysis,”*Journal of Occupational Health Psychology*13, no. 1 (Jan. 2008): 69.

7 B. L. Fredrickson, “Positive Emotions Broaden and Build,” *Advances in Experimental Social Psychology* 47 (2013): 1–53.

8 Klodiana Lanaj, Trevor A. Foulk, and Amir Erez, “Energizing Leaders via Self-Reflection: A Within-Person Field Experiment,” *Journal of Applied Psychology* 104, no. 1 (Jan. 2019): 1–18.

9 同上。

10 B. L. Fredrickson and T. Joiner, “Reflections on Positive Emotions and Upward Spirals,” *Perspectives on Psychological Science* 13, no. 2, 194–99, https://doi.org/10.1177/1745691617692106. Citation on page 196.

11 Bethany E. Kok, Kimberly A. Coffey, et al. “How Positive Emotions Build Physical Health: Perceived Positive Social

Connections Account for the Upward Spiral between Positive Emotions and Vagal Tone," *Psychological Science* 24, no. 7 (2013): 1123–32; Bethany E. Kok and Barbara L. Fredrickson. "Upward Spirals of the Heart: Autonomic Flexibility, as Indexed by Vagal Tone, Reciprocally and Prospectively Predicts Positive Emotions and Social Connectedness," *Biological Psychology* 85, no. 3 (2010): 432–36.

12 C. Vazquez, P. Cervellon, P. Perez-Sales, D. Vidales, and M. Gaborit, "Positive Emotions in Earthquake Survivors in El Salvador (2001)," *Journal of Anxiety Disorders* 19, no. 3 (2005), 313–28.

13 J. V. Wood, S. A. Heimpel, and J. L. Michela, "Savoring Versus Dampening: Self-Esteem Differences in Regulating Positive Affect," *Journal of Personality and Social Psychology* 85, no. 3 (2003), 566–80; F. B. Bryant, "Savoring Beliefs Inventory (SBI): A Scale for Measuring Beliefs About Savoring," *Journal of Mental Health* 12 (2003): 175–96.

14 Lanaj, Jennings, Ashford, "When Self-Care Begets Other Care: Leader Role Self-Compassion and Helping at Work" (working paper).

15 Lanaj, Foulk, and Erez, "Energizing Leaders via Self-Reflection: A Within-Person Field Experiment."

16 Dalai Lama, Desmond Tutu, and Douglas Carlton Abrams, *The Book of Joy: Lasting Happiness in a Changing World* (New York: Avery, 2016), 83.

Chapter 08 彈性的力量在各種情況下的展現

1 Nigel Nicholson and Michael West, *Managerial Job Change: Men and Women in Transition* (Cambridge, UK: Cambridge University Press, 1988).

2 Blake E. Ashforth, David M. Sluss, and Alan M. Saks, "Socialization Tactics, Proactive Behavior, and Newcomer Learning: Integrating Socialization Models," *Journal of Vocational Behavior* 70, no. 3 (2007): 447–62; and Blake Ashforth, *Role Transitions in Organizational Life: An Identity-Based Perspective* (New York: Routledge, 2012).

3 如果你對轉型期間的身分改變感興趣，請參考倫敦商學院（London Business School）收藏的伊貝拉的精彩作品：Herminia Ibarra, "Provisional Selves: Experimenting with Image and Identity in Professional Adaptation," *Administrative Science Quarterly* 44, no. 4 (1999): 764–91. 你還可以在這本書裡查看伊貝拉如何將這些想法應用在領導力上：Herminia Ibarra, *Act Like a Leader, Think Like a Leader* (Boston: Harvard Business Review Press, 2015).

4 Herminia Ibarra and Roxana Barbulescu, "Identity as Narrative: Prevalence, Effectiveness, and Consequences of Narrative Identity Work in Macro Work Role Transitions," *Academy of Management Review* 35, no. 1 (2010): 135–54.

5 詳見 https://www.espn.com/college-sports/columns/story?columnist=hays_graham&id=2924051.

6 這些描述來自高階主管教練卡琳・史塔瓦奇，我們在本書第二章提起過她的經歷。

7 Scott Sonenshein, Jane E. Dutton, Adam M. Grant, Gretchen M. Spreitzer, and Kathleen M. Sutcliffe, "Growing at Work: Employees' Interpretations of Progressive Self-Change in Organizations," *Organization Science* 24, no. 2 (2013): 552–70.

8 資料來源：布勞切克。

9 Lawrence G. Calhoun and Richard G. Tedeschi, "The Foundations of Posttraumatic Growth: An Expanded Framework," *Handbook of Posttraumatic Growth: Research and Practice* (Mahwah, NJ: Lawrence Erlbaum, 2006): 3–23. 你也可以查看下列文件，觀察這種成長是如何在工作環境中發生的：Sally Maitlis, "Posttraumatic Growth: A Missed Opportunity for Positive Organizational Scholarship," *The Oxford Handbook of Positive Organizational Scholarship,* edited by Kim S. Cameron and Gretchen M. Spreitzer (New York: Oxford University Press, 2012), 909–23.

10 這個說法與最近關於成長型心態在成功老去發揮的作用的想法相當吻合。關於這個議題更完整的看法，詳見 Peter A. Heslin, Jeni L. Burnette, and Nam Gyu Ryu, "Does a Growth Mindset Enable Successful Aging?" *Work, Aging and Retirement* 7, no. 2 (April 2021), 79–89.

11 Glenn Affleck, Howard Tennen, and Katherine Gershman, "Cognitive Adaptations to High-Risk Infants: The Search for Mastery, Meaning, and Protection from Future Harm," *American Journal of Mental Deficiency* 89, no. 6 (1985), 653–56.

Chapter 09 指導團隊成員學習彈性的力量

1 Jane E. Dutton, Laura Morgan Roberts, and Jeffrey Bednar, "Pathways for Positive Identity Construction at Work: Four Types of Positive Identity and the Building of Social Resources," *Academy of Management Review* 35, no. 2 (2010): 265–93.

2 同上。

3 你可能發現自己面對著心理學領域根深柢固的複雜問題，不是非專業人士可以解決的。在這種例子中，教練或許會想邀請專業心理治療師加入。

4 K. E. Weick, "Small Wins: Redefining the Scale of Social Problems," *American Psychologist* 39, no. 1 (1984): 40–49, https://doi.org/10.1037/0003–066X.39.1.40.

5 你可以在這個網址找到關於這個練習、它的發展，以及該如何使用它的資訊：https://positiveorgs.bus.umich.edu/cpo-tools/rbse/I.

6 Julia Lee Cunningham, Francesca Gino, Dan Cable, and Bradley Staats. "Seeing oneself as a valued contributor: social worth affirmation improves team information sharing." *Academy of Management Journal* ja (2020).

7 感謝史塔瓦奇為這份指南的早期草稿提供幫助。

Chapter 10 讓公司彈性起來：依據彈性的力量原則制定員工發展計畫

1 Pierre Gurdjian, Thomas Halbeisen, and Kevin Lane, "Why Leadership-Development Programs Fail," *McKinsey Quarterly* 1, no. 1 (2014): 121–26.

2 Adam Canwell, Vishalli Dongrie, Neil Neveras, and Heather Stockton, "Leaders at All Levels: Close the Gap Between Hype and Readiness," *Global Human Capital Trends: Engaging the Twenty-First-CenturyWorkforce,* edited by Cathy Benko, Robin Erickson, John Hagel, and Jungle Wong (West Lake, TX: Deloitte University Press, 2014).

3 同上。

4 Allan H. Church, Christopher T. Rotolo, Nicole M. Ginther, and Rebecca Levine, "How Are Top Companies Designing and Managing Their High-Potential Programs? A Follow-up Talent Management Benchmark Study," *Consulting Psychology Journal: Practice and Research* 67, no. 1 (2015): 17.

5 Jack Zenger and Joseph Folkman, "Companies Are Bad at Identifying High-Potential Employees," *Harvard Business Review,* Feb. 20, 2017, https://hbr.org/2017/02/companies-are-bad-at-identifying-high-potential-employees.

6 See, for example, Allan Church and Sergio Ezama, "PepsiCo's Formula for Leadership Potential," ATD (Association for Talent Development), TD Magazine, https://www.td.org/magazines/td-magazine/pepsicos-formula-for-leadership-potential.

7 Richard D. Arvey, Zhen Zhang, Bruce J. Avolio, and Robert F. Krueger, "Developmental and Genetic Determinants of Leadership Role Occupancy Among Women," *Journal of Applied Psychology* 92, no. 3 (2007): 693.

8 這個偏見在許多研究中都可發現，包括在挑選管理者與董事會成員時。Geoff Eagleton, Robert Waldersee, and Ro Simmons, "Leadership Behaviour Similarity as a Basis of Selection into a Management Team," *British Journal of Social Psychology* 39, no. 2 (2000): 301–8; and James D. Westphal and Edward J. Zajac, "Who Shall Govern? CEO/Board Power, Demographic Similarity, and New Director Selection," *Administrative Science Quarterly* 40, no. 1 (March 1995): 60–83.

9 David V. Day and Hock-Peng Sin, "Longitudinal Tests of an Integrative Model of Leader Development: Charting and Understanding Developmental Trajectories," *Leadership Quarterly* 22, no. 3 (2011): 545–60.

10 Paper presented at the Mindsets & Organizational Transformation conference, London Business School, March 15, 2017.

11 Jon M. Jachimowicz, Julia Lee Cunningham, Bradley R. Staats, Francesca Gino, and Jochen I. Menges, "Between Home and Work: Commuting as an Opportunity for Role Transitions," *Organization Science* 32, no. 1 (Oct. 2020): 64–85.

12 See the wonderful case on Kevin's efforts at IBM: Christopher Marquis and Rosabeth Moss Kanter, "IBM: The Corporate Service Corps," *Harvard Business Review* (March 27, 2009), Harvard Business School Case 409-106, 22 pp.

13 R. Wartzman, "Coke's Leadership Formula: Sending Its Rising Star Execs Away for Six Weeks," *Fortune,* May 14, 2015, https://fortune.com/2015/05/14/coke-leadership-program/.

14 Chip Heath and Dan Heath, *Switch: How to Change Things When Change Is Hard* (New York: Random House, 2010).

15 Morgan W. McCall Jr., "Recasting Leadership Development," *Industrial and Organizational Psychology* 3, no. 1 (2010): 3–19.

Chapter 11 彈性如何幫助建立學習型組織

1 這些關於微軟的慧眼觀察，主要得力於這份由倫敦商學院的同儕撰寫的個案研究：Herminia Ibarra, Aneeta Rattan, and Anna Johnston, "Satya Nadella at Microsoft: Instilling a Growth Mindset," London Business School, June 2018, https://krm.vo.llnwd.net/global/public/resources/WIN_Engage/143/LBS128p2_SR_CS_20181024.pdf.

2 Peter A. Heslin, Donald Vandewalle, and Gary P. Latham, "Keen to Help? Managers' Implicit Person Theories and Their Subsequent Employee Coaching," *Personnel Psychology* 59, no. 4 (2006): 871–902.

3 Material on a "culture of genius" was drawn from: Mary C. Murphy and Carol S. Dweck, "A Culture of Genius: How an Organization's Lay Theory Shapes People's Cognition, Affect, and Behavior," *Personality and Social Psychology Bulletin* 36, no. 3

(2010): 283–96; and Elizabeth A. Canning, Mary C. Murphy, Katherine T. U. Emerson, Jennifer A. Chatman, Carol S. Dweck, and Laura J. Kray, "Cultures of Genius at Work: Organizational Mindsets Predict Cultural Norms, Trust, and Commitment," *Personality and Social Psychology Bulletin* 46, no. 4 (2020): 626–42.

4 Robert Kegan and Lisa Laskow Lahey, *Immunity to Change: How to Over come It and Unlock Potential in Yourself and Your Organization* (Boston: Harvard Business School Publishing, 2009).

5 As quoted in B. McLean and P. Elkind, *The Smartest Guys in the Room: The Amazing Rise and Scandalous Fall of Enron* (New York: Penguin, 2003).

6 Canning et al., "Cultures of Genius at Work."

7 Amy C. Edmondson and Zhike Lei, "Psychological Safety: The History, Renaissance, and Future of an Interpersonal Construct," *Annual Review of Organizational Psychology and Organizational Behavior* 1, no. 1 (2014): 23–43.

8 P. A. Heslin, G. P. Latham, and D. Vandewalle, "The Effect of Implicit Person Theory on Performance Appraisals," *Journal of Applied Psychology* 90, no. 5 (2005): 842–56, https://doi.org/10.1037/0021–9010.90.5.842.

9 選自與Jill Tracy Nichols的訪談，在本篇文章中引述：Ibarra, Rattan, and Johnston, "Satya Nadella at Microsoft: Instilling a Growth Mindset."

10 Selena Larson, "Microsoft CEO Nadella to Women: Don't Ask for a Raise, Trust Karma," *ReadWrite,* October 9, 2014, https://readwrite.com/2014/10/09/nadella-women-dont-ask-for-raise/.

11 Eugene Kim, "Microsoft CEO Satya Nadella Apologizes: 'If You Think You Deserve a Raise, You Should Just Ask,' " *Business Insider,* October 9, 2014, https://www.businessinsider.com/satya-nadella-apologizes-women-pay-2014-10#:~:text=Microsoft%20CEO%20Satya%20Nadella%20Apologizes,Raise%2C%20You%20Should%20Just%20Ask'&text=%22Without%20a%20doubt%20I%20wholeheartedly,and%20close%20the%20pay%20gap.%22.

12 "Microsoft CEO Satya Nadella Apologizes Again in Internal Memo," *NBC News,* October 17, 2014, https://www.nbcnews.com/tech/tech-news/microsoft-ceo-satya-nadella-apologizes-again-internal-memo-n228211.

13 Benjamin Schneider, "The People Make the Place," *Personnel Psychology* 40, no. 3 (1987): 437–53.

14 As quoted in this wonderful book: Marion Debruyne and Katleen De Stobbeleir, *Making Your Way: The (Wobbly) Road to Success and Happiness in Life and Work* (Tielt, Belgium: Lannoo, 2020).

15 Lee et al., "The Mixed Effects of Inconsistency on Experimentation in Organizations."

16 Morgan W. McCall, "Recasting Leadership Development," *Industrial and Organizational Psychology* 3, no. 1 (2010): 3–19.

17 Elliott and Dweck (1988) 的研究顯示，在法人環境中，人們往往都會採用績效目標，(Bandura and Dweck [1985]; Dweck and Leggett [1988])，而這會讓他們擔心自己可能暴露無能的證據，更擔心會在這種環境中被指稱為冒名的無能者。詳見 Elaine S. Elliott and Carol S. Dweck, "Goals: An Approach to Motivation and Achievement," *Journal of Personality and Social Psychology* 54, no. 1 (1988): 5; M. Bandura and Carol Sorich Dweck, "The Relationship of Conceptions of Intelligence and Achievement Goals to Achievement-Related Cognition, Affect and Behavior," unpublished manuscript, Harvard University (1985); Carol S. Dweck and Ellen L. Leggett, "A Social-Cognitive Approach to Motivation and Personality," *Psychological Review* 95, no. 2 (1988): 256.

18 This *Economist* article talks about this slogan: https://www.economist.com/business/2011/04/14/fail-often-fail-well.

19 E. Catmull and A. Wallace, *Creativity, Inc.: Overcoming the Unseen Forces That Stand in the Way of True Inspiration* (New York: Random House, 2014).

20 Dean A. Shepherd, Holger Patzelt, and Marcus Wolfe, "Moving Forward from Project Failure: Negative Emotions, Affective Commitment, and Learning from the Experience," *Academy of Management Journal* 54, no. 6 (2011): 1229–59.

21 Xiaodong Lin-Siegler, Janet N. Ahn, Jondou Chen, Fu-Fen Anny Fang, and Myra Luna-Lucero, "Even Einstein Struggled: Effects of Learning about Great Scientists' Struggles on High School Students' Motivation to Learn Science," *Journal of Educational Psychology* 108, no. 3 (2016): 314.

22 "Finding the Value in Your Mistake," *New & Improved,* January 16, 2015, https://newandimproved.com/2015/01/16/learning-value-mistakes/.

23 See the research on how to "sell" issues within an organization. For example: Jane E. Dutton, Susan J. Ashford, Regina M. O'Neill, Erika Hayes, and Elizabeth E. Wierba, "Reading the Wind: How Middle Managers Assess the Context for Selling Issues to Top Managers," *Strategic Management Journal* 18, no. 5 (1997): 407–23; and Susan J. Ashford and James Detert, "Get the Boss to Buy In," *Harvard Business Review* 93, no. 1 (2015): 16.

24 Bradley P. Owens and David R. Hekman, "Modeling How to Grow: An Inductive Examination of Humble Leader Behaviors, Contingencies, and Outcomes," *Academy of Management Journal* 55, no. 4 (2012): 787–818.

25 Caterina Bulgarella, "Learning, Empathy and Diversity Have Put Microsoft on a Path of Unstoppable Growth," *Forbes,* December 4, 2018, https://www.forbes.com/sites/caterinabulgarella/2018/12/04/learning-empathy-and-diversity-have-put-microsoft-on-a-path-of-unstoppable-growth/#2694c5ea4d8f.

結語：成長的一生

1 J. C. Maxwell, *The Maxwell Daily Reader: 365 Days of Insight to Develop the Leader within You and Influence Those around You* (New York: Harper-Collins Leadership, 2007), 123.

2 David Whyte, *Crossing the Unknown Sea: Work as a Pilgrimage of Identity* (New York: Riverhead, 2002).

高彈性成長法則

作者　蘇珊・亞斯佛 Susan J. Ashford
譯者　林麗雪
商周集團榮譽發行人　金惟純
商周集團執行長　郭奕伶
視覺顧問　陳栩椿
商業周刊出版部
總監　林雲
責任編輯　黃郡怡
封面設計　走路花工作室
內文排版　洪玉玲
出版發行　城邦文化事業股份有限公司 商業周刊
地址　104 台北市中山區民生東路二段 141 號 4 樓
電話：(02)2505-6789　傳真：(02)2503-6399
讀者服務專線　(02)2510-8888
商周集團網站服務信箱　mailbox@bwnet.com.tw
劃撥帳號　50003033
戶名　英屬蓋曼群島商家庭傳媒股份有限公司城邦分公司
網站　www.businessweekly.com.tw
香港發行所　城邦（香港）出版集團有限公司
香港灣仔駱克道 193 號東超商業中心 1 樓
電話：(852) 2508-6231　傳真：(852) 2578-9337
E-mail：hkcite@biznetvigator.com
製版印刷　中原造像股份有限公司
總經銷　聯合發行股份有限公司 電話：(02) 2917-8022
初版 1 刷　2022 年 5 月
定價　380 元
ISBN　978-626-7099-45-2（平裝）
EISBN　9786267099476（EPUB）／ 9786267099469（PDF）

國家圖書館出版品預行編目(CIP)資料

高彈性成長法則 / 蘇珊.亞斯佛（Susan J. Ashford）著 ; 林麗雪譯. -- 初版. -- 臺北市 : 城邦文化事業股份有限公司商業周刊, 2022.05
256面 ; 17 x 22公分
譯自 : The power of flexing : how to use small daily experiments to create big life-changing growth.
ISBN 978-626-7099-45-2(平裝)

1.CST: 職場成功法 2.CST: 目標管理 3.CST: 自我實現

494.35　111005187

藍學堂

學習・奇趣・輕鬆讀